Oh! My立體無瑕4K女神妝

5大季節色系+7大基礎全臉妝+16款變化技巧妝效
超越日韓歐美的逆天美顏技法！

Oh!
My立體無瑕4K女神妝

5大季節色系+7大基礎全臉妝+16款變化技巧妝效
超越日韓歐美的逆天美顏技法!

目· 錄

content

簡單每日妝

立體歐美妝

性感誘人妝

CH3

5 大季節色系全臉妝

CH6

BEAUTY TALK

　　從出生到現在，萬萬沒有想過我會出書！讀書時期我的國文成績毫不亮眼，現在居然出了一本厚厚實實的書！歷經了將近一年的籌備時間，前前後後也得到許多貴人的幫助，這本書裡收錄了滿滿的經驗分享，包含彩妝、保養知識的分析，以及從初級到進階的彩妝教學，提供了非常多示範可以讓大家盡情參考！

　　從小，我就是一個愛美的孩子，媽媽總是會買很多漂亮的衣服給我，天天將我打扮得像一位小公主一樣。小時候在美國洛杉磯讀書，身邊的同學都比較早熟，所以我從小學六年級開始學習化妝，就此接觸了彩妝領域。可能是當時資源還不是很多，也可能是因為年紀小的我獲得的資訊有限，還記得那個時候我看著 Michelle Phan（美國美妝 YouTuber）的頻道學習化妝，雖然當時的影片畫質極為模糊，但是我總是瘋狂的一部一部看過，也看了很多其他歐美美妝 YouTuber 的教學影片，讓我累積了很多關於化妝的知識以及技巧。

　　從國中到高中時期，媽媽開始會和我分享她的彩妝品、刷具等，也開始陪我一起挑選保養品，而我也盡可能地將零用錢省下來，在假日時去買自己喜歡的美妝品。高中畢業 18 歲時，我參加了模特兒比賽，而且很榮幸地得到第三名以及最佳上鏡獎的殊榮，這是我人生的轉捩點，從此便開始了演藝生涯。一開始擔任模特兒前，我上過很完整的彩妝課程，而在後來的每一回工作中，也不斷地請教彩妝師，同時仔細觀察和學習彩妝師如何幫模特兒畫出漂亮的妝容。

　　20 歲時，碰巧得知 YouTuber 開設了一堂免費的創作者課程，憑著對於影片創作的興趣，我立刻報名前往。過去，我的 YouTuber 頻道只有跳舞或是社團影片而已，而在我聆聽了那次講課後，決定要好好經營自己的頻道！當我思考著要經營什麼樣類型的頻道時，我當下馬上想到，自己從小就愛美，喜歡研究彩妝保養，再加上在時尚產業裡工作，累積了一定的經驗和心得，不如創立一個美妝時尚頻道吧！美妝 YouTuber 這條路就是如此開啟的！還記得一開始拍攝影片，我連相機都是向別人借用，借拍了一年之後，才存夠錢買了屬於自己的第一台相機。我沒有厲害專業的攝

影棚或是團隊，只在我的床邊、衣櫃前，靠著書桌上的檯燈，努力地和分享一部又一部的影片，直到現在，經營美妝頻道已經兩年了。

　　現在，我要出版我的第一本書了！這本書裡的字字句句、每款妝容設計，以及步驟技巧分享，都是我花了好多時間累積而成。這一路上有粉絲、訂閱者的陪伴，更重要的是家人的支持，特別是我的媽媽，當我因為不順遂而躲在棉被裡哭的時候，媽媽給了我最多的溫暖，而粉絲也給了我好多的鼓勵。所以，我也想要不斷地進步，希望可以透過這本書，幫助更多對於「美」的領域感興趣的朋友們，並帶領大家發現彩妝保養的更多樂趣！

　　這本書獻給 22 歲的我、獻給一直以來支持我的粉絲、獻給對於化妝還一知半解的新手，也獻給每天看我化妝但到現在都還是不會化妝的媽媽。謝謝一路上給予我機會的廠商、品牌，也謝謝經紀公司幫我打造出這本書。最後，也是最重要的，謝謝每一位支持我的粉絲，希望你們喜歡這本書！

Love you all By 仙女

CHAPTER

KNOW YOURSELF BETTER

1

肌膚基本認識

肌膚基本認識

　　要踏入彩妝保養的世界，首先就是要先了解自己！隨著時間、天氣氣候，以及年齡的增長，皮膚狀態都會有所改變，所以化妝品或是保養品不能永遠都使用同一瓶、同一款，一定要持續觀察自己調整。以下介紹各種膚質的特徵，讓大家檢視自己屬於什麼樣的膚質以及皮膚色調，並可以透過認識肌膚，找出最適合自己的彩妝保養方式。

5 大膚質分析

 乾性膚質
乾性肌膚缺乏水分、油分，臉部呈現乾燥而沒有光澤的狀態，容易有乾裂、細紋、脫皮或是過敏的現象。

 中性膚質
中性肌膚屬於最理想的肌膚狀況，皮膚油脂、水分較為均衡，毛孔細緻度高，皮膚具有光澤彈性。生活作息正常、睡眠充足的人比較容易達到此膚質狀態。

 混合性膚質
T字區域（額頭、下巴、鼻子）比較容易出油，兩頰、眼睛周圍則屬於比較乾性的狀態，一張臉有著不同的膚質特性。混合性膚質因為綜合著乾性及油性肌膚的特質，所以通常也會再細分為兩種：整體肌膚偏乾──混合性偏乾（我目前就是混合性偏乾喔！）、整體肌膚偏油──混合性偏油。

 油性膚質
容易長痘痘、粉刺，毛細孔普遍比較大而明顯。頭皮也比較容易出油發癢。

 敏感性膚質
對外來刺激比較敏感，尤其是換季時，臉頰通常會泛紅，容易形成小紅絲或是脫屑的現象。

　　可根據以上各種膚質的普遍特徵判別自己的膚質，如果大家還是不確定，也可直接請教專業的美容師，或是到百貨專櫃進行更詳密的肌膚檢測。

肌膚色調分析

　　膚質是選擇保養品的影響關鍵，更會左右粉底的款式。接下來討論我們的膚色色調，這會影響到如何挑選彩妝的顏色，不論是粉底、遮瑕、眼影、腮紅或是修容，都有直接的關聯性。

如何分辨自己的肌膚是冷、暖色調？

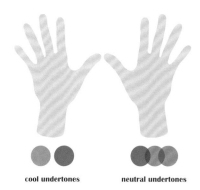

cool undertones　　neutral undertones

方法 1　看手腕或是手臂內側的血管
顏色偏藍紫 = 冷色調肌膚
顏色偏青綠 = 暖色調肌膚

方法 2　太陽底下久曬後皮膚顏色的變化
發紅 = 冷色調肌膚
變黃褐色 = 暖色調肌膚

　　基本上，分析出自己肌膚的冷暖色系後，就可以找出適合自己的腮紅、修容顏色，雖然產品選擇和個人喜好息息相關，不過如果你是化妝新手，建議參考色調，並選擇適合自己肌膚顏色的腮紅和修容。

冷色調肌膚：
◆ 挑選和自己肌膚色調一樣的冷色調修容
　　例如：Too Faced Cosmetics Bronzed and Poreless Bronzer
◆ 避免選擇太粉紅色或是太紫色的腮紅
　　例如：粉橘色腮紅、珊瑚色腮紅等

暖色調肌膚：
◆ 挑選和自己肌膚色調一樣的暖色調修容
　　例如：Benefit Hoola Bronzer
◆ 避免選擇太珊瑚色或是太橘色的腮紅
　　例如：粉色腮紅、帶點紫的粉腮紅等

　　挑選粉底時，也需要考慮到自己是屬於什麼樣的肌膚色調，不論是任何質地的粉底，購買前，一定要確認其色調以及色號！一般粉底液色調分成：粉色調、中色調、黃色調。

冷色調肌膚：
肌膚素顏時沒有什麼血色，可以選擇粉色調的粉底液。
暖色調肌膚：
肌膚素顏時比較偏向蠟黃色，可以選擇黃色調的粉底液。
市面上也有少數的中色調粉底液，沒有特別適合什麼肌膚色調，選擇上比較中庸。

　　粉底色號區分是肌膚由白至深，通常也可以從其色號數字觀察，一般數字最小者為最亮白色號，數字最大者則為最健康色號。許多歐美品牌一個粉底系列就可能推出10～20個色號，並且可能會再分成尾數是0者為黃色調，尾數是5者則為粉白色調。

　　一般韓系品牌的氣墊粉底分成基本13號、21號、23號，13號是很白的色號，像我的肌膚比較偏自然色，就一定要選擇23號；一般歐美系品牌的氣墊粉底分成10號、20號、30號，10號是比較白的色號，像我普遍都會選擇20號中間色，不過有些歐美品牌設計比較周到，還會區分黃色調以及粉白色調，例如10號、20號、30號是黃色調，而15號、25號則穿插在中間，並帶有粉白色調。

　　普遍來說，韓系粉底偏粉色調居多，日系是各色調都具備，但也稍微偏粉色調居多，歐美品牌色系則是各色調最齊全，而且黃色調的選擇也很多。因為我的肌膚是暖

色調又偏黃，色號也比較屬於自然色，不黑也不白，所以我在購買粉底液時，通常都會選擇歐美系品牌，擦起來相對會比較自然一些。

以上是根據我的經驗整理出的簡單分類，建議大家還是要靠櫃試用，才會對於實際情形更加明確，或是有些品牌擁有獨特的色號、色調分法，所以在選擇粉底時，除了先了解自己的肌膚條件之外，也要多做品牌功課。像我都會直接到櫃上試擦在臉頰下方，大約下顎的位置，如此一來可以觀察其粉底色調是否和身體一致，即使臉部比較白，我還是會選擇和自己身體色號、色調一樣的粉底。

CHAPTER

MAKEUP TUTORIALS AND TECHNIQUES

2

7 大 基 礎 全 臉 妝

X 1 6 款 變 化 技 巧 妝 效

輕薄素顏裸妝

每天出門時，絕對都想要保有輕薄的底妝，
但又適合上班、上課等正式場合，
所以這款輕薄素顏裸妝就是每個人都必學的日常妝容！
利用最簡單的化妝手法，創造出像是沒有化妝的妝感，
非常推薦給注重肌膚底妝的人。
針對霧面及光澤底妝示範，
各種膚質都可以找到最適合你的裸素顏上妝方式！

SEASON	春夏
SKIN TYPE	中性膚質 混合性膚質 油性膚質

LOOK1 霧面底

MAKE-UP POINT
無瑕定妝烘焙法，打造霧中帶光的超自然美肌

霧面底的輕薄素顏裸妝，是運用最基本的手法完成的日常妝容，
特別推薦給喜歡粉霧妝感的人。
採用一款遮瑕力極高的粉霧感粉底，只需要微小用量就能修飾全臉，
並且搭配長效控油的蜜粉定妝，讓整體妝容顯得非常粉霧自然。
蜜粉步驟將示範歐美流行的「烘焙法」，
這個技巧可以讓妝容維持一整天，有效提高持妝度。
台灣氣候悶熱潮濕，尤其是夏季情況更劇，
霧感妝容真的是大家都一定要學會的一款基本妝容！

USE THESE!

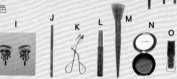

- A 控油款妝前打底——Benefit 毛孔隱形露
- B 霧面粉底——Marc Jacobs Beauty Re(marc)able Full Cover Foundation Concentrate #26
- C 上妝海綿——Beauty Blender
- D 保濕遮瑕——Nars 妝點點心遮瑕蜜 #2.75
- E 透明蜜粉——Laura Mercier 柔光蜜粉
- F 蜜粉刷——Morphe #E3
- G 自然旋轉眉筆——Anastasia Beverly Hills Brow Wiz #Soft Brown
- H 雙頭眼影刷——Anastasia Beverly Hills Modern Renaissance Eye Shadow Palette 內附
- I 霧面棕色眼影——Kylie Cosmetics The Bronze Palette
- J 深咖啡色眼線筆——Holika Holika 24 小時持久旋轉眼線筆 # 咖啡色
- K 睫毛夾——資生堂睫毛夾
- L 濃密睫毛膏——Kiss Me 花漾美姬 新翹力濃密防水睫毛膏
- M 腮紅刷——Makeupforever 專業鬆粉刷 #122
- N 珊瑚橘色腮紅——M.A.C 腮紅 #Crisp Whites
- O 玫瑰色唇彩——GiorgioArmani 奢華訂製霧柔唇露 #506

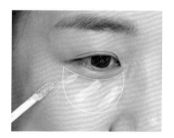

1 針對 T 字或是毛孔粗大的地方擦上 A，進行平滑的打底，建議一次使用的量不要太多，否則很容易會過乾或是起屑，也一定要確保做好事前保濕喔！不過如果是油性膚質，可以沾取薄量擦全臉。

2 完成臉部打底後，從臉頰開始塗上 B，並由臉中心往外擴散的塗抹。如果擔心一次使用太多用量，也可以使用手指輕輕點開。基本上這款粉底只要一點點用量就非常足夠，可以擦得比圖中示範的用量還少。

3 將 C 浸濕擰乾到不滴水的狀態後，由臉中心往外將剛剛塗上的 B 推開，如此一來臉中心、T 字部位遮瑕力也會最高。建議一次將半邊臉上完後再上另外一邊，否則霧面的粉底普遍比較容易快乾，如果推開的速度又不夠快速，很容易會產生推不勻的情況。

4 接著開始遮瑕。使用 D 在眼下黑眼圈部位由上往下畫三道，盡量避免太靠近臥蠶，因為臥蠶靠近睫毛根部的位置比較容易乾燥，如果塗抹得太上方，很快就會乾裂卡粉了。

5 再使用 C，針對黑眼圈最青黑色的部位，由上往下、由內而外推開 D，同樣盡量避免太靠近臥蠶，因為後續還要畫眼影，而且也可以避免容易卡粉的情況發生。

6 接著繼續使用 C 沾取 E，用量大約是使整個海綿沾滿了蜜粉而又不掉粉的狀態。將蜜粉壓在眼下區域、T 字部位等想要加強定妝的地方。

7 等待約 30 秒～1 分鐘後，使用 F，輕輕地由臉中心往外將餘粉都掃除，如此一來就完成定妝。這個技巧在夏天時非常有用，可以使妝容維持更持久！

8 使用 G，從眉尾開始描繪眉毛，勾勒眉峰和眉尾，圖中示範將眉峰畫得有點像梯形，最後平拉出去，但這裡其實不需要特別的形狀，搭配任何類型的眉毛都可以。因為我有飄眉，所以稍微填補毛流空隙即可。

9 使用 H 沾取 I 在整個眼窩打底，範圍可以稍微超過雙眼皮摺線。建議靠近睫毛根部為顏色最重的地方。如果是內雙或單眼皮的人，範圍大約在眼睛直視時可以看到一點眼影即可。

10 完成眼影打底後，使用 J 描繪內眼線，眼睛往下看，從眼頭到眼尾輕輕畫上眼線。因為這款是日常妝容，所以選擇單純只畫內眼線，完全不勾勒眼尾，只使用眼線填補睫毛之間的空洞處。

11 使用 K 自然地夾翹睫毛，再刷上 L 在上下睫毛，針對睫毛根部多加強，上下睫毛都刷上兩層。選擇黑色睫毛膏可以讓效果比較明顯，如果想要自然一點的效果則可以選擇深咖啡色睫毛膏。

12 刷好睫毛後，使用 M 沾取 N，從蘋果肌往斜上方輕刷，注意少量多次地沾取腮紅，因為這款妝容清淡，千萬不要讓腮紅過紅而變得不自然。腮紅選擇了比較自然氣質的珊瑚橘色，斜刷可以製造成熟氣質感。

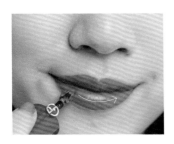

13 最後擦上 O，要飽和塗滿雙唇。因為其他妝容表現都很淡，選擇玫瑰色系的唇彩可以提升整體視覺的氣色。當然也可使用偏橘色的口紅。

SEASON 秋冬

SKIN TYPE 乾性膚質
中性膚質
混合性膚質

LOOK2 光澤底

MAKE-UP POINT
韓劇女主角光澤肌的秘密！
展現輕甜水潤好氣色

自從韓妝感開始流行之後，不論是韓國明星還是韓劇女主角，
大家都希望自己的肌膚像是剛敷完臉一樣，看上去有健康的水潤光澤。
以下教大家如何打造出看起來有自然光澤的肌膚，
但不會像是油亮不洗臉的感覺。
這款妝容主要凸顯肌膚水潤感，適當的定妝也讓光澤底妝更持久。
特別適合乾性、中性肌膚，或是秋冬比較乾燥的天氣。

USE THESE!

A 光澤型妝前打底——VDL 貝殼提亮光澤妝前乳
B 粉底刷——Etude House 即可拍 專業氣墊粉底刷
C 光澤型粉底——ADDICTION dewy glow foundation #03
D 水潤型遮瑕——LUNA long lasting tip concealer #02
E 氣墊——FlowFushi Natural 氣墊 #02
F 小型蜜粉刷——BH Cosmetics Shimmering Bronze 12 Piece
　　Brush Set #05 Large Domed Blending Brush
G 水潤光澤型粉餅——Chanel 香奈兒活力光采雪紡水潤粉餅 #12
H 自然旋轉眉筆——Anastasia Beverly Hills Brow Wiz #Soft Brown
I 咖啡金色珠光眼影——EXCEL スキニーリッチシャドウ
J 深咖啡色眼線筆——Holika Holika 24 小時持久旋轉眼線筆 # 咖啡色
K 睫毛夾——資生堂睫毛夾
L 濃密睫毛膏——Kiss Me 花漾美姬 新翹力濃密防水睫毛膏
M 粉紅氣墊腮紅——Lancome 激光煥白氣墊腮紅 #032
N 水潤型玫瑰色 CC 唇膏——Maybeline 好氣色 CC 輕脣膏 #BB02

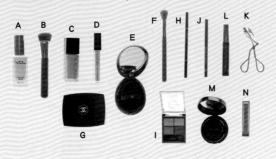

No makeup Makeup
Glowy Version

1 使用 A 塗抹在臉頰部位打底。如果是乾性膚質，也可以擦在 T 字部位打亮，但像我是混合性膚質，T 字部位比較會出油，選擇在比較乾的臉頰部位加強即可。

2 再將 A 由內而外薄薄地擦上。這款打底並沒有控油持妝的效果，單純只有妝感上的光澤加強，所以油性膚質要記得避免擦到容易出油的地方。

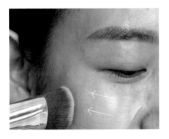

3 完成臉部打底後，使用 B 沾取 C，由臉頰內往外擦，建議一開始先全臉擦上一層薄層，之後針對需要遮瑕的地方像是 T 字部位或是臉頰再做第二層的加強，一層層的薄擦堆疊才不會讓妝感看起來太過厚重。

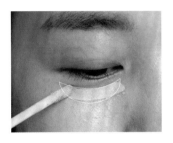

4 使用 D，在黑眼圈最深的地方畫一條彎曲線，再使用刷具或是海綿由內而外推開。當然也可以使用手輕拍，因為後續會上氣墊，還會再次拍整底妝。

5 接下來這個步驟可自由選擇是否進行，如果想要呈現更加光澤的妝感或是乾性膚質，可以使用 E 在臉頰部位多拍上一層底妝，提升光澤保水度，妝感看起來會更加水潤。

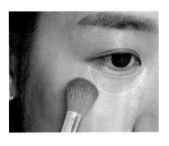

6 使用 F 沾取 G，薄擦在眼下黑眼圈、鼻翼側邊等容易出油的地方。為了避免微笑或是臉部表情讓妝容龜裂，所以才要在遮瑕處以及容易出油的地方定妝。注意要避開臉頰部位，不要帶走剛剛堆疊出來的光澤效果。

7 使用 H 從眉尾開始描繪眉毛，這裡不需要特別的眉毛形狀，描繪任何類型的眉毛都可以。圖中示範平平的往後畫出眉尾，眉尾長度為連接眼尾、鼻翼成一個黃金三角形，並且稍微填補毛流空隙。

8 使用 I 由睫毛根部往上推疊，建議靠近睫毛根部為顏色最重的地方，範圍稍微超過雙眼皮摺線即可。如果是內雙或單眼皮的人，範圍大約在眼睛直視時可以看到一點眼影。最後再利用剩下的一點餘粉帶到眼睛下方後 1/3 處。

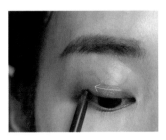

9 完成眼影打底後，使用 J 開始描繪內眼線，從眼頭開始往眼尾處畫，只要填滿睫毛根部即可。因為這款是日常妝容，所以選擇單純只畫內眼線，完全不勾勒眼尾，呈現最自然的樣子！

10 使用 K 自然地夾翹睫毛後，再刷上 L 在上下睫毛，可以針對睫毛根部多加強，輕輕地由睫毛根部往上刷，上下睫毛都刷上兩層。

11 以兩指按著粉撲，使用極輕柔力道在蘋果肌拍上 M，盡量讓範圍保持在兩側臉頰圓形處，妝感看起來會比較可愛。使用氣墊腮紅可以讓肌膚看起來白裡透紅，而且也不會帶走畫好的光澤肌。如果擔心用量太多，建議按壓完氣墊腮紅後，先輕拍在手背上，讓顏色清淡均勻後再拍上臉頰。

12 最後輕輕地擦上 N，填滿雙唇到唇色飽和即可。特別使用水潤型的唇膏，質地上很像護唇膏，而這樣的玫瑰色非常適合亞洲人的任何肌膚色調，淡淡抹上去看起來妝感也會相對自然許多。

韓系男友最愛妝

韓系妝容主要是清淡眼妝搭配閃亮眼影，再加上咬唇妝。
一般男友都不太懂過於複雜的妝容，
所以像這種清淡妝感，不論是約會還是日常妝容都很適合。
而且韓系妝容在技巧方面也相對簡單，
如果平時出門趕時間，也是非常好的妝容選擇。

SEASON	一年四季
SKIN TYPE	乾性膚質
	中性膚質
	混合性膚質
	油性膚質

LOOK1 粉紅系

MAKE-UP POINT
可愛粉紅女人味，無害好感度瞬間 UP

想要創造粉嫩少女的印象，粉紅色系的妝容是你一定要學會的！
像是春夏或是日常妝容都特別適合。
想營造可愛風，或是甜美系女孩，粉嫩的眼妝搭配粉色系腮紅，
最後加上桃紅色咬唇妝，真的是再適合不過！

Korean style pink makeup

USE THESE!

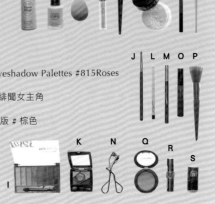

A　潤色型妝前柔焦——Etude House 美肌魔飾 超上相柔光修飾乳
B　粉底——Etude House 長效待肌 超持妝粉底液 #02
C　海綿——BeautyBlander
D　遮瑕——LUNA long lasting tip concealer #02
E　蜜粉刷——Morphe #E3
F　蜜粉——Laura Mercier 柔光蜜粉
G　眉筆——1028 我型我塑持色眉筆 # 咖啡色
H　圓頭眼影刷——e.l.f 刷具
I　霧面玫瑰粉色眼影、霧面紫色眼影——Covergirl Trunaked Eyeshadow Palettes #815Roses
J　眼影刷——Morphe 型號 #M431
K　粉紅珠光眼影——Maybelline 鎂光燈 3D 立體眼彩盤 #PK-1 緋聞女主角
L　深咖啡色眼線筆——Colourpop 眼線筆 #call me
M　深咖啡色眼線液筆——Maybelline 超激細抗暈眼線液 抗手震版 # 棕色
N　睫毛夾——資生堂睫毛夾
O　濃密睫毛膏——Kiss Me 花漾美姬 新超激濃密防水睫毛膏
P　腮紅刷——Makeupforever 專業鬆粉刷 #122
Q　淡粉色腮紅——M.A.C 腮紅 #I'm a lover
R　水潤型桃粉色唇膏——YSL 情挑誘光水唇膏 #13
S　紅色液態唇彩——Peri Pera tint 唇露 #01

1 在臉頰部位擦上 A 打底，矯正臉部蠟黃或是膚色不均。這款並沒有控油持妝效果，T 字部位容易出油的混合性膚質可以少擦一點，或是擦上其他控油持妝妝前。

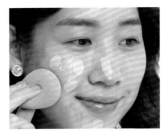

2 將 B 點在臉上，臉中央粉量稍微多一點，再往外擴散點開，如此一來 T 字部位、眼下部位的遮瑕力會最高。接著再使用 C 輕輕由臉中央往外拍開。

3 接著開始遮瑕。將 D 擦在眼下黑眼圈最深處，少量地橫畫一條，再使用 C 由靠近眼睛處往外點開，讓黑眼圈最深處保留最高遮瑕力。

4 使用 E 均勻地沾取少量的 F，從剛剛完成遮瑕的眼下部位開始，再慢慢往外輕掃，進行全臉定妝。比較容易出油的地方可以加強定妝。

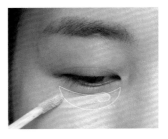

5 使用 G 在眉毛最下方畫一條線確定眉毛的位置、高度還有長度，接著再使用 G 另一端的刷具往上刷開暈染，讓剛剛橫畫的線條像是眉粉一樣畫出暈染效果以填補眉毛。因為這款眉筆顯色度很好，基本上不需要描繪全部的眉毛形狀，只需要靠毛刷暈染即可。因為我有飄眉，所以只是稍微填補毛流空隙。

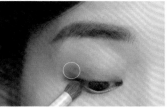

6 使用 H 沾取 I 的玫瑰粉色在整個眼皮部位打底，建議靠近睫毛根部顏色最重，範圍稍微超過雙眼皮摺線即可。如果是內雙或單眼皮的人，範圍大約停在眼睛直視時可以看到一點眼影。最後再利用剩下的一點餘粉帶到眼睛下方後 1/3 處。

7 再使用 J 沾取 I 的紫色眼影擦在上眼皮後 1/3 處，針對雙眼皮摺線內的部位上色。

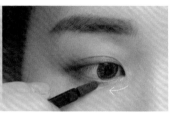

8 使用 K，沾取後按壓在眼珠正上方，可以讓眼珠的比例放大，並且在眼頭做打亮，從眼頭往後延伸塗到眼睛下方的前半部位，創造出韓系妝容的閃亮臥蠶，會讓人感覺眼睛放大而且模樣楚楚可憐喔。

9 完成眼影後，使用 L 描繪內眼線，眼睛往下看，從眼頭到眼尾輕輕畫上，單純填補睫毛根部空洞即可。

10 使用 M，從眼睛上方後 1/3 處，沿睫毛根部往後畫出眼線，寬度自然細緻，長度則拉出約 0.5 公分。

11 接著使用 N 自然地夾翹睫毛。再使用 O，從睫毛根部開始往上刷，在上下睫毛刷上兩層。

12 刷完睫毛後，使用 P 均勻沾取少量的 Q，以畫圓的方式刷在蘋果肌，維持韓系妝容的自然感。

13 在雙唇飽和地薄擦上 R，作為唇色的打底色。桃粉色是標準韓系妝容的顏色，且具水潤感，容易暈開，能幫助後續創造漂亮的咬唇妝。

14 在下唇內圈部位橫向擦上 S，寬度大約是自己單唇寬度的 50% 或更少，接著再抿一下雙唇，如此一來上唇內圈也會沾染上唇彩，最後再使用指腹暈開兩種顏色之間的界線。內圈特別選擇紅色，和前個步驟的桃粉色有些微的落差，才能創造出明顯的咬唇妝。

LOOK2 金色大地系

MAKE-UP POINT
運用四季百搭顏色，
化身氣質又迷人的姊姊

如果沒有特別想要創造少女感，而想要最百搭、最基本的妝容，
就是選擇金色系！金和大地色系的搭配完全不挑人！
這款妝容看起來比較氣質成熟，是一年四季都百搭的日常妝容，
也非常適合上班時需要搭配制服或是套裝的人。
如果穿搭上酷帥一點，更會創造出一種金屬龐克感！

USE THESE!

A 潤色型妝前柔焦──Etude House 美肌魔飾 超上相柔光修飾乳
B 粉底──Etude House 長效待肌 超持妝粉底液
C 海綿──BeautyBlander
D 遮瑕──LUNA long lasting tip concealer #02
E 蜜粉刷──Morphe #E3
F 透明蜜粉──Laura Mercier 柔光蜜粉
G 眉筆──1028 我型我塑持色眉筆 # 咖啡色
H 霧面淺咖啡色眼影、橘咖啡金色亮粉眼影──
　　Labiotte 紅酒醇果眼影彩盤 #01
I 眼影刷──Labiotte 雙頭眼影刷
J 深咖啡色亮粉眼影、米白色亮粉眼影──Etude House 眼影盤
K 深咖啡色眼線筆──Colourpop 眼線筆 #call me
L 深咖啡色眼線液筆──Maybelline 超激細抗暈眼線液 抗手震版 # 棕色
M 睫毛夾──資生堂睫毛夾
N 濃密睫毛膏──Kiss Me 花漾美姬 新超激濃密防水睫毛膏
O 腮紅刷──Morphe #S13
P 玫瑰粉色腮紅──Milani Powder Blush #08Tea Rose
Q 桃紅色潤唇筆──Integrate 輕染潤唇采筆 #PK487

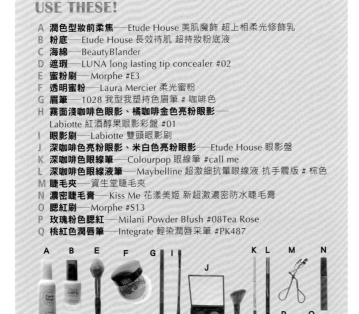

1　在臉頰部位擦上 A 打底。這款是粉膚色的柔焦妝前打底，所以會擦在臉頰部位，矯正臉部蠟黃或是膚色不均。但我會避開 T 字部位，因為這款並沒有控油持妝效果。

2　將 B 點在臉上，讓臉中央的粉量稍微多一點，再往外擴散點開，如此一來臉中間的 T 字部位、眼下部位的遮瑕力會是最多。接著再使用浸濕的 C 輕輕由臉中央開始往臉周圍拍開。

3　接著開始遮瑕。將 D 擦在眼下、鼻樑、眉間以及下巴等需要遮瑕的部位，再接著使用剛剛使用過的 C 輕輕地點開。從最需要遮瑕的臉中央部位開始往外點開，如此一來可以讓其保留最高的遮瑕力。

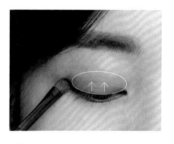

4　使用 E 均勻沾取適量的 F 輕拍在全臉，從剛剛遮瑕好的眼下開始，再慢慢往外輕掃，進行全臉定妝。比較容易出油的地方可以加強定妝，如果想保留光澤度的地方可以不上蜜粉，或是極少量的輕拍上。

5　使用 G 在眉毛最下方畫一條線確定眉毛的位置、高度還有長度，接著再使用 G 另一端的刷具往上刷開暈染，讓剛剛橫畫的線條像是眉粉一樣畫出暈染效果以填補眉毛。

6　先使用 H 內附刷具沾取其霧面的淺咖啡色，進行眼窩的打底，建議靠近睫毛根部為顏色最重的地方，範圍稍微超過雙眼皮摺線即可。如果是內雙或單眼皮的人，範圍大約停在眼睛直視時可以看到一點眼影。

7　接著使用 I 沾取 H 中的橘咖啡金色亮粉眼影，以按壓的方式從眼珠正中央開始往後擦，範圍可以稍微超過雙眼皮摺線，但不超過剛剛的淺咖啡色區域。

8　繼續使用 I 沾取 J 的深咖啡色亮粉眼影，按壓在上眼尾後 1/3 處，從靠近睫毛根部開始，暈染到雙眼皮摺線的位置，盡量一點一點地擦上，慢慢堆疊出顏色，才不會讓原本要打造的清新金色系眼妝變成咖啡色煙燻妝。

9　使用 J 內附的海綿刷頭，將米白色的亮粉眼影從眼頭開始往後延伸塗到眼睛下方的前 1/2 部位，如此一來可以打亮眼頭，讓整體眼睛亮起來，而且特別選用米白金色搭配金色大地系，效果最好看。

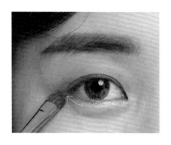

10 最後再次使用 I 沾取 J 的深咖啡色亮粉眼影，針對在眼睛下方後 1/3 處上色，以加強眼睛的深邃感，而且後續會再刷上睫毛，加強深色才可以讓眼妝達到上下平衡。

11 完成眼影後，使用 K 描繪內眼線，眼睛往下看，從眼頭到眼尾輕輕畫上，單純只畫內眼線填補睫毛根部空洞即可，先不勾勒眼尾，因為下個步驟才會加強眼尾的眼線。

12 再使用 L，疊加在剛剛畫好的內眼線上面，從眼睛上方後 1/3 處開始，沿著睫毛根部往後畫，眼線寬度保持自然細緻即可。眼尾長度可以拉出大約 0.5 公分。

13 接著使用 M 針對睫毛根部自然地夾翹睫毛。再使用 N，從睫毛根部開始往上刷，在上下睫毛刷上兩層。使用黑色睫毛膏會比較濃烈深邃，如果想要更自然的妝感則可以使用深咖啡色睫毛膏。

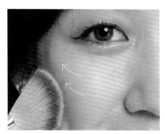

14 刷完睫毛後，使用 O 沾取 P，從蘋果肌開始往斜上方刷上長條形的腮紅。建議一次顏色不要上太多，一點一點地加強，維持這款韓系妝容的自然感。

15 最後在雙唇飽滿地擦上 Q，可以先擦下唇再填滿上唇。特別使用韓妝必備色桃紅色，而且這款是筆狀設計，方便描繪唇型，不論是新手或是趕時間時都很容易上手。

日到夜妝

我們經常一整天的活動很多，
一大早出門上班、上課，晚上還要聚餐，甚至狂歡。
但是，總不能一臉閃亮濃妝去上班、上課，
而到了晚上，妝都脫妝變成清淡裸妝才去派對吧？
以下分享的是適合白天正式場合的簡單清新日妝，
到了晚上，以隨身攜帶的眼影和唇彩直接變成進階版夜妝，
讓你成為夜晚派對、聚餐的主角喔！

SEASON	一年四季
SKIN TYPE	乾性膚質 中性膚質 混合性膚質

LOOK1 簡單日妝

MAKE-UP POINT
讓你多睡 10 分鐘！
唇彩當作腮紅 X 短時出門透明底妝

簡單日妝特別使用比較光透自然的底妝，
薄透的打底才可以讓妝容撐到晚上，也方便傍晚補妝。
如果底妝過於厚重，時間一久容易脫妝，或是產生細紋和卡粉。
日妝眼影使用淡淡的咖啡色珠光眼影，重點搭配玫瑰色系霧面唇彩，
並且直接將口紅當作霜狀腮紅使用，方便上手，
即使趕時間出門也都不是問題！

Day to
simple daytime

USE THESE!

A **保濕控油型妝前打底**──Maybelline 夢幻奇蹟控油透潤持妝乳
B **粉底**──Urban Decay Naked Skin Weightless Ultra Definition Liquid Makeup #3.0
C **海綿**──Beauty Blender
D **遮瑕**──Urban Decay Naked Skin Weightless Complete Coverage Concealer #Light Warm
E **霜狀自然色遮瑕膏**──Canmake 全方位遮瑕組 #01
F **旋轉眉筆**──Visee Eyebrow Pencil #BR304
G **扁平眼影刷**──植村秀專業眼影刷 10N
H **冷色系淺咖啡色珠光眼影**──Rimmel Royal Vintage Eyes #004
I **深咖啡色眼線筆**──Colourpop 眼線筆 #call me
J **睫毛夾**──資生堂睫毛夾
K **深咖啡色濃密睫毛膏**──Kiss Me 花漾美姬
   新超激濃密防水睫毛膏 # 咖啡色
L **柔粉玫瑰色唇膏**──妙巴黎 戀法魔幻經典唇彩 #07 極致裸粉
M **噴霧**──Urban Decay All Nighter Makeup Setting Spray

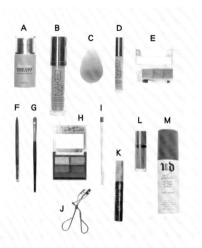

1 　在全臉均勻點上 A，再使用指腹輕輕推開。由於妝容要從早到晚，所以妝前打底以及底妝特別重要，會影響整體妝容是否可以長時間維持完整，建議大家選擇最持妝的妝前。

2 　在臉頰上由臉中心往外畫上薄薄的 B，接著使用浸濕的 C 由臉頰開始而外均勻地點壓開。全臉擦完一層之後，如果覺得太薄，可以在 T 字部位或是需要加強的地方再上第二層。

3 　接著開始遮瑕。使用 D，畫在黑眼圈最深處，再使用 C 輕輕壓開。遮瑕用量不需要太大，底妝愈薄透愈好，如果擔心遮瑕力會隨著時間減弱，可以於晝夜妝時再補強。

4 　使用 E 的內附刷子，調和好符合自己的色調，我通常都是沾取中間的自然色，再沾一點亮白色後混合，遮蓋臉上需要遮瑕的地方。先完全鋪蓋住要遮瑕的區域，再使用指腹將邊緣均勻點開。

5 　使用 F，從眉尾開始描繪眉毛。不需要特別的眉毛形狀，描繪任何類型的眉毛都可以。圖中示範平平的往後畫出眉尾，眉尾長度為連接眼尾、鼻翼成一個黃金三角形。因為是日妝，描繪眉毛時下手不要太重。

6 　使用 G 沾取 H 的淺咖啡色珠光眼影，在雙眼皮摺線內刷上打底，建議靠近睫毛根部為顏色最重的地方，再使用剩下的餘粉，左右暈上去。

7 接著,在整個眼睛下方也刷上同樣的咖啡色。建議選擇比較靠近自己膚色的咖啡色,避免一開始日妝就畫得太濃烈,否則後續夜妝會比較難進階加強。

8 完成眼影打底後,利用 I 畫出內眼線,從眼頭開始往眼尾處畫,只要填滿睫毛根部即可。因為這款是白天妝容,所以選擇單純只畫內眼線,完全不勾勒眼尾,只使用眼線填補睫毛之間的空洞處,呈現最自然的樣子。

9 使用 J 自然地夾翹睫毛後,再使用 K 刷上兩層的上睫毛。因為眼影和眼線非常淡,所以睫毛膏可以盡量刷,先直接刷完一層睫毛膏後,再以直立的方式拿取睫毛膏,針對睫毛尾巴加強睫毛的放射感。

10 使用 L 點一點在蘋果肌上,再使用指腹輕輕點開。建議一次先一點,再慢慢增加用量。因為早上經常趕著化妝出門,故意選用霧面唇膏就是希望也能當作腮紅使用,一方面可以節省時間,一面霜狀或液態狀的腮紅會比粉狀來得更加自然,有種從肌膚裡透出來的紅潤感。

11 同樣使用 L 塗在下唇部中間 2/3 處,雙唇抿一抿後,再使用指腹柔和唇緣邊界。因為是日妝,所以特別選擇柔粉玫瑰色,適合各種膚色、各種場合,而且腮紅、唇彩都可以使用。後續夜妝會再直接加強,日妝挑選比較自然的柔粉玫瑰色再適合不過了。

12 最後噴上 M,頭可以稍微仰起來 45 度,將噴霧拿距離臉約 30 公分,均勻噴滿全臉。以我的臉來說,大約會在臉上方按壓一次、臉左邊按壓一次、臉右邊按壓一次、臉下方按壓一次。因為是日妝,所以會選擇定妝噴霧維持妝度,如果是夏天或是肌膚容易出油,可改使用蜜粉或是粉餅定妝,相對持妝度也會比較高。

LOOK2 進階夜妝

MAKE-UP POINT
一不小心持續美麗到夜晚！
綻放深紫煙燻魅力

一整天到傍晚時，妝容已經變得很淡，
甚至會出現卡粉或是脫妝的情況，相當不適合晚上聚餐和派對場合。
所以接下來將沿用前一款日妝，在不卸妝的情形之下，
教大家如何直接進階，簡單變化成適合夜晚活動的濃烈妝容喔！
這款進階夜妝是比較柔和深邃感的夜妝，包含深紫色的煙燻妝，
以及修容和打亮的加強，最後再搭配紅唇咬唇妝，
看上去真的是派對女王！但其實畫法非常的簡單喔！

Day to night
amorous look

USE THESE!

A 保濕控油型妝前打底——Maybelline 夢幻奇蹟控油透潤持妝乳
B 粉底——Urban Decay Naked Skin Weightless Ultra Definition Liquid Makeup #3.0
C 海綿——Beauty Blender
D 遮瑕——Urban Decay Naked Skin Weightless Complete Coverage Concealer #Light Warm
E 霜狀自然色遮瑕膏——Canmake 全方位遮瑕組 #01
F 旋轉眉筆——Visee Eyebrow Pencil #BR304
G 眼影刷——植村秀專業眼影刷 10N
H 冷色系淺咖啡色珠光眼影、紫色珠光眼影、深紫色珠光眼影、深咖啡色珠光眼影——
　 Rimmel Royal Vintage Eyes #004
I 深咖啡色眼線筆——Colourpop 眼線筆 #call me
J 睫毛夾——資生堂睫毛夾
K 深咖啡色濃密睫毛膏——Kiss Me 花漾美姬 新超激濃密防水睫毛膏 # 咖啡色
L 唇膏——妙巴黎 戀法魔幻經典唇彩 #07 極致裸粉
M 噴霧——Urban Decay All Nighter Makeup Setting Spray
N 眼影刷——Labiotte 雙頭眼影刷
O 自然款假睫毛
P 假睫毛黏著劑——D-UP EX 長效假睫毛膠水
Q 小夾子
R 蜜粉刷——Morphe #E3
S 透明蜜粉——Laura Mercier 柔光蜜粉
T 長條修容刷——Morphe #M523
U 自然三色修容餅——Too Cool For School 修容餅
V 打亮刷——Morphe #M438
W 三色自然打亮餅——Too Cool For School 打亮餅
X 霧面紅色唇彩——YSL 奢華緞面漆光唇釉 #401

(長時間下來，如果眼影原本的咖啡色淡掉，可以運用日妝的畫法先補上。)

1 使用 N 沾取 H 的紫色珠光眼影，針對眼睛上方後 2/3 處堆疊，範圍可以稍微超過雙眼皮摺線。繼續使用 N，利用紫色珠光眼影餘粉，以左右刷開手法柔和暈開眼窩邊界。

2 再利用 N 沾取 H 的深紫色眼影，擦在眼珠的正下方，並且稍微左右暈開，但切記要讓紫色維持在中間，因為後續左右兩邊還要畫上別的顏色，所以記得不要暈染到。

3 接著繼續使用 N 沾取 H 中最深的咖啡色珠光眼影，擦在下眼尾後 1/3 處，連接上眼影，如此一來除了可增加眼睛的深邃度之外，還能強化整體眼妝的濃烈感，但又不會過度煙燻。

4 因為是夜妝,所以戴上假睫毛加強眼妝。使用 O 沾取適量的 P 黏在靠近睫毛根部的地方,並且可以使用 Q 微調。接著刷上 K 在下睫毛,從根部開始順順地往下刷 2 ~ 3 層,平衡上下睫毛的濃烈度。

5 使用 R 沾取 S 進行定妝,由於底妝從白天撐到晚上,可能會出現油光或是遮瑕力變低,此時在全臉刷上蜜粉,妝效會更加霧面柔和。如果臉上有出油,先使用衛生紙輕壓掉油光,再刷上蜜粉。

6 再使用 T 沾取 U,刷在臉頰側邊,大約耳朵的高度,再向上沿著髮際線延伸刷到額頭,以及往下延伸刷到下顎,讓整體面容輪廓加深,臉看起來比較小。為了搭配柔和的眼妝,選擇比較自然暖色系的修容餅。

7 完成修容後,開始進行打亮。使用 V 沾取 W,刷在顴骨最高處以及眉尾下方,並且將這兩個部分連起來,打亮整個 C 字區域。C 字區域是在太陽底下,臉上最容易反射光的部位,所以針對其加強光澤感。因為之前使用了蜜粉,整體臉頰都是霧面的,加上打亮,可以讓妝容產生層次感,同時也呼應眼妝的珠光。

8 將日妝的唇膏當作底色,如果有淡掉,可以運用日妝同樣的方法,薄薄地補上雙唇底色。接著在下唇內圈大約占1/2處疊上 X,雙唇抿一下,再使用手指將邊緣暈開,創造出咬唇妝,也呼應眼妝的暈染柔和感。特別選用紅色,明顯呈現咬唇妝的雙色感,另外紅色也特別適合夜妝。

雅勻最愛妝

我在化妝時，十分注重細節和精緻感，
一定要畫到不論多近看，都是仙女般的漂亮妝容。
我最愛的妝容大致分為兩種：
一是日韓系妝容，整體比較偏向透明感，
包含自然薄透的底妝，以及閃亮亮的眼影，
最後再搭配顯色的咬唇妝或是透潤的水亮唇彩。
二是歐美妝容，妝感相對成熟，整體比較偏向粉霧柔感，
包含比較霧面的眼影，加上高遮瑕的霧感粉底，
最後再搭配超閃的打亮以及液態唇膏。
最愛妝容的步驟稍多，
但保證學完，如何近看都是一百分！

SEASON	一年四季
SKIN TYPE	乾性膚質 中性膚質 混合性膚質

LOOK1 日韓系

MAKE-UP POINT
日韓模特的話題彩妝，
讓人怦然心跳的眼下薄透腮紅

當我服裝穿得比較日韓風、可愛風，或是上課、上班快遲到時，
我都會畫上這款日韓妝容。因為其手法相對簡單，
暈染眼影的技巧也非常適合新手，
即使稍微暈錯範圍，也不會影響太大。
而且薄透潤亮的肌膚會讓人感覺上年紀小很多，整體妝感很年輕活潑！

Selina's favorite fresh look

USE THESE!

A 保濕控油型妝前打底——Maybelline 夢幻奇蹟控油透潤持妝乳
B 保濕自然遮瑕粉底——妙巴黎 果然美肌光輕粉底 #52 粉膚色
C 圓扁型粉底刷——Sigma F80
D 遮瑕——Maybelline Fit Me Concealer #20
E 小蜜粉刷——BH Cosmetics Shimmering Bronze 12 Piece Brush Set #05 Large Domed Blending Brush
F 遮瑕粉餅——Albion 瞬感裸妝粉餅 #02
G 大蜜粉刷——Labiotte 大型蜜粉刷
H 珠光型粉餅——Bobbi Brown 彷若裸膚蜜粉餅 #Bare
I 三色眉膠盤——Maybelline 時尚 3D 立體雙效眉彩盤 #BR-1
J 染眉膏——Benefit 3D BROWtones 立體提亮眉膏 #04 medium/deep
K 扁平眼影刷——植村秀 專業眼影刷 #10N
L 霧面橘磚頭色眼影、亮米白色珠光眼影、桃紅色珠光眼影——Etude House 眼影盤（四色眼影盤）
M 帶有亮粉的香檳色眼影——EXCEL シャイニーシャドウ N 色號 #S101
N 圓頭眼影刷——e.l.f 刷具
O 深咖啡色珠光眼影——Colourpop Super Shock Shadow #nillionaire
P 深咖啡色眼線筆——Colourpop 眼線筆 #call me
Q 黑色眼線液筆——Maybelline 超激細抗暈眼線液 抗手震版 # 黑色
R 睫毛夾——資生堂睫毛夾
S 自然款假睫毛——日本 AK 精品 純手工假睫毛 #609
T 假睫毛黏著劑——D-UP EX 長效假睫毛膠水
U 小夾子
V 濃密睫毛膏——Kiss Me 花漾美姬 新超激濃密防水睫毛膏 色號 # 黑色
W 眼影刷——Morphe #M441
X 粉色系偏紫腮紅——NYX Poqdwe Blush #Pinky
Y 長條修容刷——Morphe #M523
Z 淺咖啡色修容——Canmake 小顏粉餅 #01
AA 水潤型粉桃色唇彩——YSL 情挑誘色美唇精萃 #15

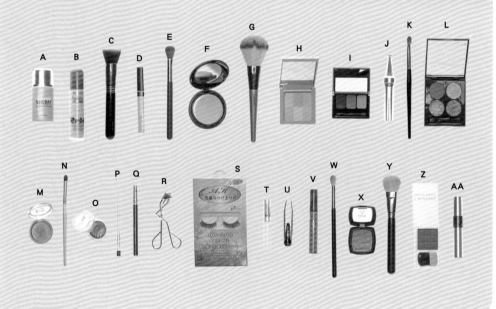

1 全臉擦上 A，再使用指腹推開。這款妝前控油力、保濕度皆恰到好處，質地也不會過度乾澀，導致後續難以上底妝，即使在冷氣房一整天，也不會讓肌膚乾燥，是我認為一年四季皆可使用的高 CP 值妝前。

2 將 B 點在臉頰上，再使用 C 以畫圓方式均勻地從臉中心開始向外旋轉刷開，讓臉中心的的遮瑕力最好。一般使用刷具上妝會比海綿來得不服貼一些，不過相對遮瑕度高，而刷痕問題就運用輕輕畫圓的方式改善。

3 接著在眼下黑眼圈、鼻翼容易暗沉的地方、下巴需要遮瑕的地方，以及鼻樑中間進行打亮和遮瑕，薄薄地擦上 D，最後再使用手指輕拍開。當然也可以使用剛才的粉底刷具或是海綿推開。

4 使用 E 沾取少量的 F，輕拍在剛剛擦上遮瑕的地方進行定妝。因為這些地方有額外擦上遮瑕，所以需要特別注意定妝。建議將霧面粉餅擦在需要加強遮瑕力或是容易出油的地方，尤其是混合性或是油性膚質。

5 接著使用 G 沾取少量的 H，輕拍在剛剛臉上還沒有定妝的地方。為了避免全臉霧面的感覺，所以故意使用少量的珠光粉餅定妝，讓妝容產生不同的視覺層次。

6 開始描繪眉毛。使用 I 內附的器具，先使用刷子端沾取少量的眉膠，一點一點上色。平平的勾勒出眉尾，眉尾長度拉到眉尾、眼尾以及鼻翼能連成一條線即可，可以讓五官比例變得很標準，也有小臉效果。

7 再使用器具另一端毛刷沾取 I 中間的眉粉，填補眉頭空洞，輕輕橫畫帶到眉頭，再從眉頭往眉尾刷過，並連接起來，畫出漸層的眉毛。

8 接著再刷上 J，從眉頭開始，再擦到眉尾，讓毛流看起來更明顯俐落。手法就像擦睫毛膏一樣，由下往上，只要讓眉毛都沾上染眉膏即可。最後由上往下刷過，讓毛流固定方向。

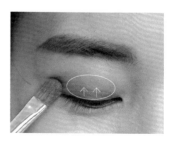

9 使用 K 沾取 L 的霧面橘磚頭色眼影，擦在整個眼窩當作打底色，建議靠近睫毛根部為顏色最重的地方，接著再左右暈染讓邊界柔和。

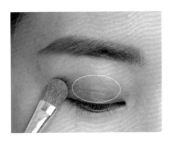

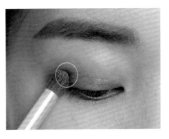

10 使用 K 沾取 M，按壓在剛剛的打底色位置。這款香檳亮粉眼影的顏色不是很明顯，但珠光很明顯，所以才會在前個步驟打好底色，而這個步驟單純利用亮粉提亮。香檳色的亮粉搭配橘色很好看。

11 使用 N 沾取 O，以畫圓的方式刷在眼睛上方後 1/3 處，可以和橘色均勻混合而邊界柔和。這款是帶有亮粉的深咖啡色眼影，使用圓毛刷會比較容易掉餘粉，所以記得將餘粉拍掉。

12 接著使用 L 內附的刷頭棒沾取 L 的亮米白色珠光眼影，擦在眼睛下方的前半部，包含眼頭。除了可以打亮眼頭之外，也可以讓眼睛整體提亮，而且也有提亮臥蠶的效果。

13 接著繼續使用 L 內附刷頭棒的另一面沾取 L 的桃紅色珠光眼影，擦在剛剛留下來眼睛下方的後半部位，創造出女孩感。

14 使用 P 畫上內眼線。從眼頭開始往眼尾處畫，只要將睫毛根部填滿即可。即使是畫略過拉長眼線或是戴假睫毛的清淡妝容，這個步驟也一定要完成喔！

15 再使用 Q 畫出眼線。從眼睛前端開始，沿著睫毛根部往眼尾畫，疊加在內眼線上面，寬度保持細緻自然即可。眼尾長度則可以拉出大約 0.5 公分。

16 使用 R 輕輕夾翹睫毛後，S 沾取適當的 T，黏著在睫毛上面，盡量愈靠近睫毛根部愈好，視覺上效果會愈自然，可以使用 U 微調。

17 刷上 V 在下睫毛，可以從根部開始往下刷，但因為我的下睫毛比較少，所以會先以直立的方式拿取睫毛膏，再順順地往下刷 2 ～ 3 層。戴假睫毛之後，我通常都會略過刷上睫毛，不過因為戴了假睫毛，上睫毛在視覺上比例比較重，所以此時會更加注重下睫毛，使用直立、水平的手法刷上很多層。

18 使用 W 沾取 X，刷在眼尾下方的臉頰部位，營造出酒醉微醺的腮紅。一定要慢慢疊上，一次用量不要太多，讓愈靠近眼尾的腮紅範圍愈大，再採取 Z 字手法往下延伸，疊色到比擦一般自然腮紅再紅一些。

19 使用 Y 沾取少量的 Z，刷在顴骨下方的臉部凹處、下顎部位，主要打造臉部的輪廓，視覺上可以讓嘴邊肉消失，也可以利用修容創造陰影以隱藏雙下巴。記得手法要少量多次，因為妝容偏淡妝，所以修容下手不要太重。我很喜歡修容，不論是日韓妝還是歐美妝，都一定會上修容，讓臉產生更深邃的輪廓。

20 完成修容後，最後在雙唇飽和擦滿 AA。日韓妝容如果不是漸層咬唇妝，就是比較光澤水潤的唇妝，所以選擇這款我很喜歡的水潤精萃，香氣很好，顏色淡雅，而且方便上手與補妝。

{
EXTRA TIPS

步驟 13 的桃紅色也可以換成各種顏色，如果上眼影選擇橘色或是暖色系咖啡色，下半部眼影顏色可以搭配暖色系，例如紅色、桃紅、亮橘等；如果上眼影選擇冷色系咖啡色，下半部眼影顏色則可以搭配冷色系，例如藍色、綠色、紫色等，這款妝容的變化性很大，永遠畫不膩！
}

SEASON | 一年四季

SKIN TYPE | 乾性膚質
混合性膚質
中性膚質

LOOK2 歐美系

MAKE-UP POINT

歐美巨星也指名!
多重暈染 X 超閃打亮絕對上鏡

這款是成熟風格的歐美妝容,
我特別喜歡霧面的肌膚加上超閃打亮的感覺。
妝感比較重,但其實手法也很簡單!
選擇霧面底妝以及比較乾的霧面液態唇膏,
眼妝則比較需要多花點時間暈染,並針對眼凹和輪廓描繪,加強修容。
整體妝容看起來會比較成熟,也比較有個性,具有銳利感!

Selina's favorite sexy look

USE THESE!

A 保濕控油型妝前打底——Maybelline 夢幻奇蹟控油透潤持妝乳
B CC 霜——IT Cosmetics Your Skin But Better CC+ Cream #Light
C 光澤型高遮瑕粉底——Addiction Skin Care Foundation #01
D 海綿——BeautyBlender
E 遮瑕——Nars 妝點甜心遮瑕蜜 #2.75
F 眼影打底膏——Nars 無所畏！眼影打底筆
G 大蜜粉刷——Labiotte 大型蜜粉刷
H 透明蜜粉——Laura Mercier 柔光蜜粉
I 自然旋轉眉筆——Anastasia Beverly Hills Brow Wiz #Soft Brown
J 自然深咖啡色染眉膏——Benefit 3D BROW tones 立體提亮眉膏 #04 medium deep
K 澎澎的暈染刷——Laura Mercier 眼摺刷
L 暖咖啡橘色眼影、紅磚咖啡色眼影、金色亮粉眼影——Anastasia Beverly Hills Modern
  Renaissance Eyeshadow Palette
M 眼影圓頭刷——Morphe #E17
N 鉛筆尖頭刷——Morphe #M431
O 眼影刷——Labiotte 雙頭眼影刷
P 黑色眼線液筆——Maybelline 超激細抗暈眼線液 抗手震版 # 黑色
Q 假睫毛黏著劑——D-UP EX 長效假睫毛膠水
R 自然款假睫毛——日本 AK 精品 純手工假睫毛 #609
S 小夾子
T 睫毛夾——資生堂睫毛夾
U 濃密睫毛膏——Kiss Me 花漾美姬 新超激濃密防水睫毛膏
V 咖啡色眼線液筆——Maybelline 超激細抗暈眼線液 抗手震版 # 咖啡色
W 金色亮片亮粉——makeupforever 晶鑽亮粉 #05
X 長條修容刷——Morphe #M523
Y 腮紅刷——Makeupforever 專業鬆粉刷 #122
Z 淺咖啡色修容腮紅盤——benefit Real Cheeky Party Holiday Blush Palette 腮紅 #Coralista 修容 #Hoola
AA 打亮刷——Morphe #M438
BB 金色打亮——Anastasia Beverly Hills Sun Dipped Glow Kit #summer
CC 深酒紅色液態唇膏——M.A.C Retro 液態唇膏 #Carnivorous

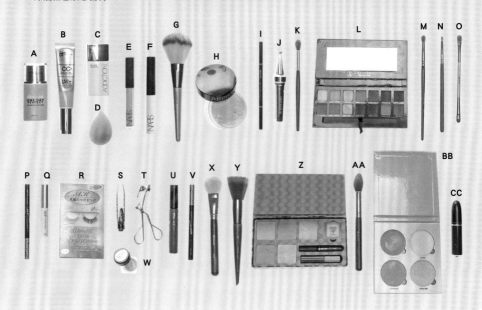

1 全臉擦上 A，再使用指腹推開。這款妝前控油力、保濕度皆恰到好處，質地也不會過度乾澀，導致後續難以上底妝，即使在冷氣房一整天，也不會讓肌膚乾燥，是我認為一年四季皆可使用的高 CP 值妝前。

2 將 B 和 C 在手背上均勻混合後，以 1：1 的比例點在臉頰上，再使用浸濕的 D 均勻地點壓推開。

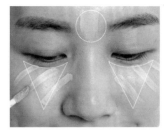

3 使用 E 在眼下三角形位置畫上 45 度的三條平行線，以及 T 字部位等需要遮瑕地方，再使用 D 推開。歐美妝容的遮瑕會比較偏向遮瑕再加上打亮，所以塗抹的範圍會比較大。

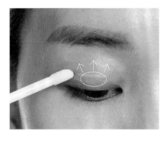

4 在眼皮上方擦上一點點的 F，作為眼影的打底。再使用手指推開。如果上比較重的眼妝或需要在外一整天時，我都會先使用這款眼影打底膏，它能抑制眼皮出油且加強眼影顯色度，在擦霧面眼影時效果特別明顯。

5 使用 G 均勻沾取 H，輕掃刷過全臉進行定妝。選擇全臉都擦上蜜粉定妝是因為希望整體妝感呈現霧面，一方面可以讓妝容更持妝，另一方面也可以讓妝容風格偏向歐美。

6 使用 I，從眉頭開始描繪眉毛，以直立的手法拿取眉筆，由下往上輕輕畫，創造出毛流線條。

7 順著眉型勾勒眉峰和拉長眉尾，圖中示範將眉峰畫得有點像梯形，最後平拉出去，但這裡其實不需要特別的形狀，搭配任何類型的眉毛都可以。因為我有飄眉，所以稍微填補毛流空隙即可。

8 接著在每根眉毛上刷上 J，主要加強毛流濃密度，也讓眉毛顏色看起來比較自然。可以先從眉尾往眉頭刷一次，如此一來可以讓每根眉毛都均勻地沾取到染眉膏，接著再像刷睫毛膏一樣，由下往上順著刷過。

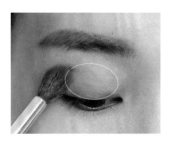

9 使用 K 沾取 L 的暖咖啡橘色眼影，大面積的刷在眼窩部位暈染打底，可以讓眼影顏色均勻上色，也可以讓靠近睫毛根部為顏色最重的地方。暈染範圍維持在眼凹處，邊界愈柔和，效果愈自然。

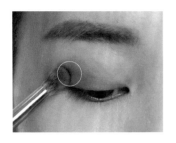

10 再使用 M 沾取 L 的深橘咖啡色眼影，從眼睛上方後 1/3 處開始，在雙眼皮摺線內部做深色加強，主要是創造眼睛深邃感，而且可以加重整體煙燻感。切記要暈染到和第一層打底顏色之間沒有明顯界限為止。

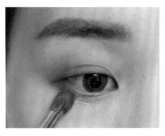

11 繼續使用 M 將深橘咖啡色眼影的餘粉帶到眼睛下方，因為上眼影的濃烈度稍強，所以建議稍微加重下眼影，如此一來眼妝看起來才會平衡，不過記得只需要淡淡地刷過去即可。

12 使用 N 沾取 L 少量的紅磚咖啡色眼影，針對眼睛上方後 1/3 處刷上，盡量刷在雙眼皮摺線內，如果是單眼皮，畫的範圍則再小一點，再以畫圓的方式加強界暈染。這個顏色很重，建議一次用量不要太多。

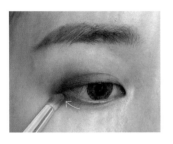

13 同樣地，將紅磚咖啡色眼影餘粉帶到眼睛下方後 1/3 處。主要是讓上下眼影的視覺效果融合，整體也會比較漂亮，同時也做到放大眼睛的效果。

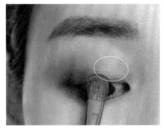

14 再使用 O 沾取 L 中的金色亮粉眼影，輕按壓在上眼皮正中間，再稍微往前半部位帶過，可以讓整體眼妝看起來更閃亮，建議不要擦得太明顯，因為希望眼妝維持霧面，只加入一點金屬質感。

15 完成眼影後，使用 P 描繪眼線。由眼頭開始，直接沿著睫毛根部往後畫到眼尾，眼尾再平拉出大約 0.5 公分的眼線，整體寬度盡量畫愈細愈好，後續貼完假睫毛，想要再補強也可以。

16 拿取 R 沾取適量的 Q，黏著在愈靠近睫毛根部處愈好，可以使用 S 微調。為了維持妝容的日常感，所以也會選擇比較自然款的假睫毛。

17 使用 T 夾翹上睫毛後，在下睫毛刷上 U，從睫毛根部開始往下刷，但因為我下睫毛比較少，所以會順順地往下刷 2～3 層。

18 刷完睫毛後，在眼睛下方後 1/3 處，使用 V 畫出細長的下睫毛毛流。從靠近眼睛的地方，往外放射畫，眼睛下方後端可以稍微畫長一點，往前就愈畫愈短，切記下手不要太重！使用這個方法可以創造出假的下假睫毛。

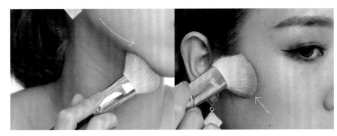

19 使用 O 沾取 W，按壓在眼珠的正上方位置，加強已經畫好的亮粉眼影，不論是在白天太陽下或是晚上燈光下，眼妝360度都閃閃動人！切記不要沾染到霧面眼影，否則原本暈染好的霧面眼影質感就不見了。

20 使用 X 沾取 Z 的淺咖啡色修容，刷在顴骨下方的臉部凹處、下顎部位。建議少量多次，避免失手，不過這款妝容變化性很大，可日常也可濃烈，所以可以按照自己喜歡的用量完成修容。我很喜歡修容，不論是日韓妝還是歐美妝，都一定會上修容，讓臉產生更深邃的輪廓。

21 使用 Y 沾取 Z 的珊瑚色腮紅，由蘋果肌往上斜刷到臉頰上。斜上刷的腮紅可以創造比較成熟的妝感，也有小臉效果。

22 再使用 AA 沾取 BB 中的金色，在臉頰最高處打亮。當我們站在陽光下或是燈光下時，顴骨最高處最容易反光，而歐美妝容就是要強調這個部位。瞬間創造出臉的立體層次感，也讓整個人閃閃發光。

23 最後擦上 CC，主要擦在下唇內圈的1/2，寬度大約是自己單唇寬度的80%或更少，接著再抿一下雙唇，上唇內圈也會沾染上唇彩。

24 最後再使用指腹暈開，創造出咬唇妝。一般擦深色口紅或是液態唇膏，會創造比較濃烈或是夜晚感的妝容效果，故意使用指腹暈染的方式，可以讓顏色產生漸層，也可以柔和唇線，能讓整體妝容更加日常。

EXTRA TIPS

步驟 2 的 B 遮瑕力高，持妝又保濕，C 則相對再更保濕水潤，因為 B 的色號比較偏向我夏天時的膚色，C 的色號則比較白，偏向冬天膚色，所以我很喜歡將它們以 1：1 混合使用。如果大家買錯粉底色號時，也可以這種方式混合使用，但記得盡量選擇款式、妝效類似的粉底混合會比較好，例如保濕混合保濕，避免霧柔混合水潤。

簡單每日妝

經常聽到大地色系是最基本眼影顏色的說法，
相信每個人一定都擁有一盒大地色系眼影盤，
運用簡單技巧，就可以畫出一年四季都不退流行的妝容！
同時分享一般唇膏、唇蜜精萃、咬唇妝、液態唇膏等
各式唇彩的上妝技巧，只要稍微變化一下唇彩，
整體妝容就像完全換了風格，營造出全然不同的印象，
一個禮拜七天都可以畫這款每日妝容喔！

SEASON	一年四季
SKIN TYPE	乾性膚質 中性膚質 混合性膚質 油性肌膚

LOOK1 一般口紅

MAKE-UP POINT
飽滿誘惑，吸睛百分百 QQ 唇

市面上最常看到的唇彩款式就是膏狀的旋轉口紅。
怎麼樣才可以擦出飽滿的口紅唇妝呢？
以下教你如何正確使用旋轉口紅，並且漂亮地畫出飽滿雙唇。
任何類型的口紅如水潤型、護唇膏型、霧面型，上法都一樣，
記得選用霧面口紅時，一定要先擦上護唇膏當作打底，
否則擦完雙唇之後，看到好多條唇紋就太糗了。

simple look
with lipsticks

USE THESE!

A 裸粉色潤色妝前——瞬感裸妝乳 EX #01
B 薄透粉底精華——Giorgio Armani 極緞絲柔粉底精華 #4.5
C 粉底刷——Artis Brushes #Oval 6
D 水潤型遮瑕——LUNA long lasting tip concealer #02
E 眼影打底膏——Nars 無所畏！眼影打底筆
F 眉膠——Maybelline 時尚 3D 立體雙效眉彩盤 #BR-1
G 眼影刷具——Morphe #M433
H 霧面淡巧克力色眼影、光澤深咖啡色眼影、光澤金色眼影
——Too Faced Chocolate Bar Palette
I 圓頭刷具——Morphe #E17
J 小頭刷——植村秀專業眼線刷 #4F
K 深咖啡色眼線筆——Colourpop 眼線筆 #call me
L 睫毛夾——資生堂睫毛夾
M 黑色濃密睫毛膏——Kiss Me 花漾美姬 新超激濃密防水睫毛膏 # 黑色
N 單株假睫毛——Ardell Individual
O 假睫毛黏著劑——D-UP EX 長效假睫毛膠水
P 腮紅刷——Makeupforever 專業鬆粉刷 #122
Q 珊瑚粉橘色腮紅——Nars 炫色腮紅 #deep throat
R 水潤型粉紅色唇膏——Dior 藍星訂製唇膏 #60
S 定妝噴霧——Urban Decay All Nighter Makeup Setting Spray

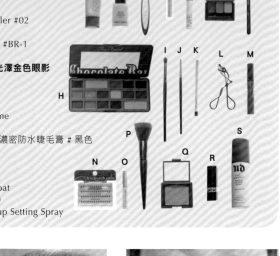

1 在臉頰上擦上 A，再使用指腹推開至全臉。如果要上比較薄透、低遮瑕力的底妝時，建議先擦上具有潤色效果或是校正膚色效果的妝前。

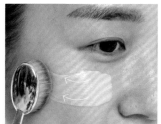

2 在臉頰上點一滴 B，接著使用 C，以從臉中心向外，橫向均勻地刷開粉底。採用高密度刷毛的粉底刷，可以避免粉底和遮瑕力被吃掉。

3 接著開始進行遮瑕。在眼下、鼻翼兩側的 C 字區，以及下巴等需要遮瑕的地方薄量地擦上 D，接著再使用 C，一邊按壓一邊輕輕推開。

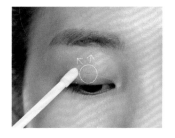

4 在眼皮點上一點 E，再使用指腹輕拍開。之所以在畫眉毛前先擦上眼影打底膏，是希望給予眼影打底膏自然風乾的時間，如此一來也會比較便於後續暈染眼影。

5 使用 F 內附器具的刷子端沾取少量眉膠，勾勒出眉尾，長度拉到眉尾、眼尾及鼻翼能連成一條線。接著直立拿取睫毛膏，利用剩餘眉膠，在眉頭帶出毛流感。

6 使用 G 沾取 H 的霧面淡巧克力色，在整個眼窩刷開，作為打底。盡量從睫毛根部開始左右來回往上暈染，如此一來雖然只使用單一的眼影顏色，也可以創造漸層效果。

7 接著使用 I 沾取 H 的光澤深咖啡色眼影，在上眼影後 1/3 的雙眼皮摺線內刷上。 不要將深色範圍暈得太大，如果暈得太高，就會變得過於煙燻妝，而且後續不會戴假睫毛，所以建議眼影範圍比例稍微畫小一點。

8 將剩下的深咖啡色餘粉帶到眼睛下方後 1/3 處，可以讓眼睛放大，而且因為後續不會勾勒眼線，所以單靠深色眼影讓眼睛的比例放大，並且變得更加深邃有神。

9 最後使用 J 沾取 H 的光澤金色眼影，在眼頭、眼睛下方前 1/2 的部位刷上，作為眼妝的提亮以及眼頭打亮。如果不想選擇過於高調的珠光白色或是粉紅白色等亮色當作眼頭打亮，便可以選擇圖中示範的金色，這個顏色在亞洲人身上特別低調好看。

10 完成眼影打底後，使用 K 畫出內眼線。從眼頭開始往眼尾處畫，只要將睫毛根部填滿即可。因為這款是日常妝容，所以選擇單純只畫內眼線，完全不勾勒眼尾，只使用眼線填補睫毛之間的空洞處。

11 接著使用 L 自然地夾翹睫毛，再於上下睫毛，從睫毛根部刷上兩層的 M。代替眼線，單純利用睫毛膏加強眼睛的放大效果，使用黑色睫毛膏，會比較濃烈深邃，如果想要更自然的妝感，則可以使用深咖啡色睫毛膏。

12 上完睫毛膏後，拿取 N 中兩株假睫毛，沾取 O 後，黏在眼尾最後的部位，再度加強眼睛的放大感，當眼睛在臉上的橫向比例增大時，相對整張臉的比例就會變小喔！

13 使用 P 均勻沾取 Q，以畫圓的方式刷在蘋果肌，圓形的腮紅看起來比較可愛溫柔，可以創造比較紅潤親和的妝感。

14 以橫向的方式拿取 R，先擦下唇，由左邊塗到右邊，接著以直立的方式拿取，從上唇右邊的唇珠開始沿著唇線描繪，左邊也一樣描繪，最後再一次飽滿地塗上。

15 最後噴上 S，頭稍微仰起來 45 度，將噴霧拿距離臉約 30 公分，均勻噴滿全臉。以我的臉來說，在臉上方按壓一次、臉左邊按壓一次、臉右邊按壓一次、臉下方按壓一次。

MAKE-UP POINT
水感聚焦中間，晶透豐潤唇

近年來很流行精萃或透明感的唇蜜，
如果害怕將整個嘴巴畫成像吃了豬油的油亮感，
但同時又想要擦唇蜜或精萃，學會這個畫法再適合不過了！
唇妝注重在中間部位，嘴巴長度相對比較小，
而嘴巴寬度更加明顯，可以讓雙唇呈現豐唇效果喔！

USE THESE!

A 裸粉色潤色妝前——瞬感裸妝乳 EX #01
B 薄透粉底精華——Giorgio Armani 極緻絲柔粉底精華 #4.5
C 粉底刷——Artis Brushes #Oval 6
D 水潤型遮瑕——LUNA long lasting tip concealer #02
E 眼影打底膏——Nars 無所畏！眼影打底筆
F 眉膠——Maybelline 時尚 3D 立體雙效眉彩盤 #BR-1
G 眼影刷具——Morphe #M433
H 霧面淡巧克力色眼影、光澤深咖啡色眼影、
　光澤金色眼影——Too Faced Chocolate Bar Palette
I 圓頭刷具——Morphe #E17
J 小頭刷——植村秀專業眼線刷 #4F
K 深咖啡色眼線筆——Colourpop 眼線筆 #call me
L 睫毛夾——資生堂睫毛夾
M 黑色濃密睫毛膏——Kiss Me 花漾美姬 新超激濃密防水睫毛膏 # 黑色
N 單株假睫毛——Ardell Individual
O 假睫毛黏著劑——D-UP EX 長效假睫毛膠水
P 腮紅刷——Makeupforever 專業鬆粉刷 #122
Q 珊瑚色橘色腮紅——Nars 炫色腮紅 #deep throat
R 霧面鮭魚粉唇彩——Maybelline 極綻色裸放悸動
　絲絨霧光唇膏 #MAT5 Soft Pink 永恆
S 珊瑚粉色唇蜜——Labiotte 唇蜜 #CR01
T 定妝噴霧——Urban Decay All Nighter Makeup Setting Spray

1 使用 R，以點壓的方式塗在上下唇。點壓方式是為了不讓唇膏顏色過度飽滿，呈現均勻的淡淡打底。

2 再使用 S，塗在下唇中央部位，由內而外的塗開成一個倒三角形的形狀，使視覺聚焦在唇部中央。

3 接著使用指腹暈開邊界，但不要過度暈開，否則就會破壞原本的倒三角形形狀，失去集中的效果。

4 繼續使用 S，同樣塗在上唇中央部位，由內而外的塗開到唇珠，範圍和剛剛下唇步驟是相對的，使視覺聚焦在唇部中央，可以創造比較豐潤的雙唇效果。

5 再使用指腹暈開邊界，一樣小心不要過度暈開。完成後，檢查一下是否上下唇都保持著倒三角形，並集中在唇部的中間區塊。最後再如同之前的步驟，噴上 T 定妝。

LOOK3 咬唇妝

MAKE-UP POINT
勾引對方親吻的衝動！
花朵漸層暈染唇

咬唇妝從前幾年開始流行，一直到現在熱度還是不減！
所謂咬唇妝，通常是唇內圈的顏色比較深或飽和，漸漸地往外暈，
運用兩種顏色漸層暈染，創造出好像咬著內圈嘴唇的感覺，打造日韓印象。
除了以往的畫法，還可以延伸出柔和的無唇線畫法，
也是近期比較流行的咬唇妝！不過這兩種畫法其實技巧一樣，
只要學會暈染，一次就能學會兩種唇妝了喔！

USE THESE!

A **裸粉色潤色妝前**——瞬感裸妝乳 EX #01
B **薄透粉底精華**——Giorgio Armani 極緞絲柔粉底精華 #4.5
C **粉底刷**——Artis Brushes #Oval 6
D **水潤型遮瑕**——LUNA long lasting tip concealer #02
E **眼影打底膏**——Nars 無所畏！眼影打底筆
F **眉膠**——Maybelline 時尚 3D 立體雙效眉彩盤 #BR-1
G **眼影刷具**——Morphe #M433
H **霧面淡巧克力色眼影、光澤深咖啡色眼影、光澤金色眼影**
　　——Too Faced Chocolate Bar Palette
I **圓頭刷具**——Morphe #E17
J **小頭刷**——植村秀專業眼線刷 #4F
K **深咖啡色眼線筆**——Colourpop 眼線筆 #call me
L **睫毛夾**——資生堂睫毛夾
M **黑色濃密睫毛膏**——Kiss Me 花漾美姬 新超激濃密防水睫毛膏 # 黑色
N **單株假睫毛**——Ardell Individual
O **假睫毛黏著劑**——D-UP EX 長效假睫毛膠水
P **腮紅刷**——Makeupforever 專業鬆粉刷 #122
Q **珊瑚粉橘色腮紅**——Nars 炫色腮紅 #deep throat
R **海綿**——BeautyBlender
S **霧面玫瑰紅色唇膏**——CLIO 微熱之吻霧感唇膏 #M1
T **水潤型莓果色唇膏**——Etude House 魔力之吻～琺瑯瓷晶彩唇膏 #RD304
U **唇刷筆**——Etude House 唇刷筆
V **定妝噴霧**——Urban Decay All Nighter Makeup Setting Spray

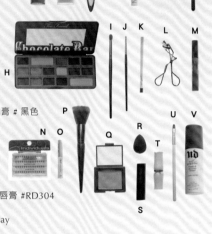

1 使用 D，在下唇的邊界左右各點上一點，但用量不要太多，兩點就足夠。

2 再使用 R 由外而內的輕輕推開，剩餘一點遮瑕膏再壓在上唇，方法也是由外而內。

3 接著使用 S，以點壓的方式塗在上下唇。點壓方式是為了不讓唇膏顏色過度飽滿，呈現淡淡的打底。

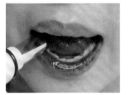

4 使用 T 塗在下嘴唇的內圈部位，寬度大約是自己單唇寬度的 50%。

5 繼續使用 T 塗在上唇，寬度大約是自己單唇寬度的 30%。我習慣將上唇內圈畫得比下唇內圈來得小，看起來會比較好看。

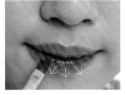

6 使用 U，或是指腹、棉花棒將內圈顏色輕輕和底色混合，但切記不要大面積暈染，否則會失去原本畫好的顏色比例喔！最後再噴上 V 定妝。

EXTRA TIPS

使用遮瑕膏，先在唇部打造接近膚白色的底，後續上唇彩時可以呈現唇彩真實的彩度，由外而內的手法則可以創造唇外圍遮瑕程度比較高，相對也比較膚白，唇內圈則反之的效果，而後續上唇彩時也會自然創造出漸層的唇妝。如果想要畫出無唇線的柔和唇妝，只要選擇一款飽和度比較高的唇膏，像圖中示範的唇膏就可以，接著利用一樣的方法，將唇膏畫於嘴唇內圈，再以唇筆或是指腹、棉花棒暈染柔和邊界就完成了！

LOOK4 液態唇彩

MAKE-UP POINT
超殺土裸系！
與眾不同的命定美唇

如果喜歡歐美風格的妝容，液態唇彩的畫法絕對必學！
一般擦上液態唇膏後都會特別顯唇紋，
所以提醒大家，一定要在化妝前做好唇部的保養。
液態唇膏的畫法可以讓雙唇感覺更豐厚，
而且因為妝感是霧面，相對比較持久，也不太需要補妝。

USE THESE!

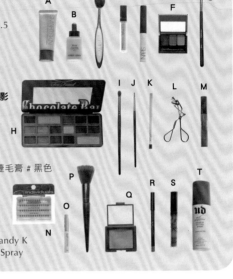

A 裸粉色潤色妝前——瞬感裸妝乳 EX #01
B 薄透粉底精華——Giorgio Armani 極緻絲柔粉底精華 #4.5
C 粉底刷——Artis Brushes #Oval 6
D 水潤型遮瑕——LUNA long lasting tip concealer #02
E 眼影打底膏——Nars 無所畏！眼影打底筆
F 眉膠——Maybelline 時尚 3D 立體雙效眉彩盤 #BR-1
G 眼影刷具——Morphe #M433
H 霧面淡巧克力色眼影、光澤深咖啡色眼影、光澤金色眼影
　——Too Faced Chocolate Bar Palette
I 圓頭刷具——Morphe #E17
J 小頭刷——植村秀專業眼線刷 #4F
K 深咖啡色眼線筆——Colourpop 眼線筆 #call me
L 睫毛夾——資生堂睫毛夾
M 黑色濃密睫毛膏——Kiss Me 花漾美姬 新超激濃密防水睫毛膏 # 黑色
N 單株假睫毛——Ardell Individual
O 假睫毛黏著劑——D-UP EX 長效假睫毛膠水
P 腮紅刷——Makeupforever 專業鬆粉刷 #122
Q 珊瑚粉橘色腮紅——Nars 炫色腮紅 #deep throat
R 土裸色唇線筆——Kylie Cosmetics Lip Liner #Candy K
S 土裸色液態唇膏——Kylie Cosmetics Liquid Lipstick #Candy K
T 定妝噴霧——Urban Decay All Nighter Makeup Setting Spray

1 使用 R 描繪上下唇線。如果是薄唇的人，可以塗到外面一點，創造厚唇效果；如果想要薄唇效果，則可以使用咬唇妝的方法，先遮瑕原本唇色，再塗上唇彩。

2 注意嘴角部位不能漏掉，也要一併畫到，可以將嘴巴稍微張開一點，就會比較容易畫到。另外還要特別注意嘴唇左右兩邊的高度、線條都要一致喔！

3 描繪完嘴唇線框後，再繼續使用 R 薄薄地塗滿雙唇，當作唇部的打底色，也幫助後續上液態唇膏時更服貼雙唇。

4 使用相近顏色的 S。圖中示範同一組色號的液態唇彩組合，以毛刷頭沾取適量，直接疊擦在上下唇。由嘴角開始往內塗開，注意一次用量不要太多，而且不要來回擦，否則容易造成結塊或是讓雙唇看起來過厚。

5 擦完後，檢查一下是否邊界有上下左右都保持對稱，歐美液態豐厚唇彩就完成了喔！最後再如同之前的步驟，噴上 T 定妝。

立體歐美妝

你想不想擁有深邃的五官和立體的輪廓？
即使是天生沒有的外貌條件，
只要靠化妝技巧，也可以一次全部擁有！
以下教大家透過打亮、修容，
利用光亮和陰影讓臉產生立體感，
除了霜狀修容、粉狀修容教學之外，
同時也會分享一種眼妝技巧——「三明治眼妝」，
相當有趣好玩的歐美眼妝畫法喔！

SEASON	秋冬
SKIN TYPE	乾性膚質 中性膚質 混合性膚質

LOOK1 霜狀修容

MAKE-UP POINT
三明治濃豔眼神，
小丑修容 X 倒三角打亮前衛演繹

在網路上，可以看到許多關於「小丑修容」的分享，
其實就是在臉上擦了霜狀修容和霜狀打亮後，還沒暈開的模樣。
許多人都認為霜狀修容比較適合新手，
但以我的經驗來說，霜狀比起粉狀稍微難一點，
除了要注意下手的位置之外，更重要的是後續暈開的位置！
如果大家對此有興趣，將我所介紹的基本概念學起來之後，
就可以運用不同的霜狀產品自由變化喔！

glam makeup
cream contour

USE THESE!

A　柔焦打底妝前──Makeupforever 第一步奇肌對策 # 平滑妝前乳
B　高遮瑕保濕粉底霜──資生堂 時空琉璃御藏高亮采粉霜 #120
C　海綿──BeautyBlender
D　水潤型遮瑕──LUNA long lasting tip concealer #02
E　自然旋轉眉筆──Anastasia Beverly Hills Brow Wiz #Soft Brown
F　圓頭眼影刷──Morphe #E17
G　霧面暖膚橘色眼影、暖色系紅磚深咖啡色眼影、中色調深咖啡色眼影
　　──Kat Von D Shade Light Eye Contour Palette
H　鉛筆眼影刷──Morphe #M431
I　深咖啡色眼線筆──Holika Holika 24 小時持久旋轉眼線筆 # 咖啡色
J　黑色眼線液筆──Maybelline 超激細抗暈眼線液 抗手震版 # 黑色
K　睫毛夾──資生堂睫毛夾
L　濃密纖長假睫毛──EYLURE Vegas Nay Easy Elegance Lashes
M　假睫毛黏著劑──D-UP EX 長效假睫毛膠水
N　小夾子
O　濃密防水睫毛膏──Maybelline 挺濃翹 U 型防水睫毛膏
P　水潤打亮筆──Loreal 輕透光感明采聚焦打亮筆 #01
Q　扁平刷或是遮瑕刷──Morphe #E10
R　霜狀深咖啡色修容、霜狀打亮、霜狀腮紅──Makeupforever 專業四色修容盤 #30
S　水潤型酒紅莓果色唇膏──Chanel Coco 唇膏 #446

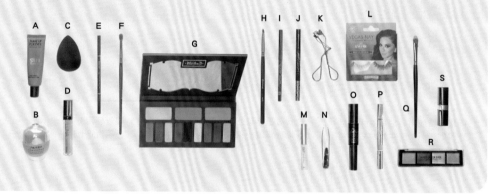

1　使用 A，擦在容易出油或是毛孔粗大的部位，像我是混合性膚質，就會擦在 T 字部位以及鼻翼側邊毛孔明顯的地方。如果是乾性膚質，便可以更換成保濕款妝前。

2　將 B 點在臉頰上，再使用浸濕的 C 由臉中心的往外輕壓推開。因為是高遮瑕力的霜狀粉底，質地會比較厚重，建議用量不要太多。

3　接著開始遮瑕。在黑眼圈最深處輕輕畫一撇 D，再使用 C 慢慢往外推開。因為剛剛的粉底霜遮瑕力已經很足夠，為了避免整體底妝太厚，建議適當減少遮瑕用量。

4 使用 E，從眉尾開始描繪眉毛，不需要特別的眉毛形狀，描繪任何類型的眉毛都可以。圖中示範平平的往後畫出眉尾，眉尾長度為連接眼尾、鼻翼成一個黃金三角形。因為我有飄眉，所以只是稍微填補毛流空隙。

5 使用 F 沾取 G 中的霧面暖膚橘色眼影，由睫毛根部開始，由下往上的刷滿整個眼窩，並停在眼凹的位置。這盤眼影很顯色，建議眼妝底色都不要上得太重，薄薄地堆疊上即可，否則後續的顏色再加上去，就無法呈現適當的對比感了。

6 使用 H 沾取 G 中的紅磚深咖啡色，刷在雙眼皮摺線內，並維持在上眼皮的前 1/3 處，基本上是畫出一個小三角形。因為後續還有其他畫法，所以範圍千萬不要超過雙眼皮摺線，否則會影響到整體妝感。

7 同樣繼續使用 H 沾取 G 中的紅磚深咖啡色，刷在雙眼皮摺線內，並維持在上眼皮的後 1/3 處，先不需要暈開。因為後續還有其他畫法，所以範圍也千萬不要超過雙眼皮摺線，否則會影響到整體妝感。

8 接著是這款三明治眼妝的重點！沿著雙眼皮摺線，利用 H 沾取 G 中極少量紅磚深咖啡色，並連接兩個深咖啡色塊，切記要讓中間留空喔！如果不是雙眼皮，可以選擇自己喜歡的範圍或眼睛睜開後看得見的最高範圍描繪。

9 接著使用 F，以畫圓的方式柔和三明治眼妝最上面的眼影邊界，但切記不要讓整個三明治眼妝以及連接處暈染開，中間也要記得持續留空。

10 完成眼影打底後，利用 I 畫出內眼線，從眼頭開始往眼尾處畫，此時單純填補睫毛根部空洞即可，先不勾勒眼尾，因為下個步驟才會加強眼尾的眼線。

11 再使用 J，疊加在剛剛畫好的內眼線上面，從眼睛上方後 1/3 處，沿著睫毛根部往後畫，眼線寬度保持自然細緻即可，眼尾長度可以拉出大約 0.5 公分。

12 使用 K 輕輕稍微夾翹睫毛後，L 沾取適當的 M，黏著在睫毛上面，盡量愈靠近睫毛根部愈好，視覺上效果會愈自然，可以使用 N 微調。

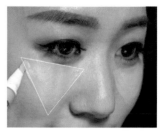

13 接著使用 H 沾取 G 中的中色調深咖啡色眼影，刷在眼睛下方後 1/3 處。特別選擇中色調是為了避免整體眼妝過於橘色，上眼皮是暖色調，下眼影則保持中色調的深咖啡色。

14 刷上 O 在下睫毛，可以從根部開始往下刷，但我的下睫毛比較少，所以會先以直立的方式拿取睫毛膏，再順順地往下刷 2～3 層。戴假睫毛之後，我通常都會略過刷上睫毛，不過戴了假睫毛，上睫毛在視覺上比例比較重，所以此時會更加注重下睫毛，使用直立、水平的手法刷上很多層。

15 使用 P 擦在眼下部位，如圖中示範畫一個倒三角形後，再使用 C 輕拍推開。這款遮瑕筆其實沒有什麼遮瑕力，但因為相對比較水潤，所以我喜歡將它當作眼下水潤光澤的打亮，而倒三角形手法可以讓臉頰部位達到微遮瑕和打亮的效果。

16 使用 Q 沾取 R 中的深咖啡色修容，如圖中示範，刷在臉部凹處、下顎、額頭邊界，以及沿著眉毛的鼻樑側邊。只要你想要讓視覺效果往下凹陷的地方，就可以擦上修容色。

17 接著再使用 C 輕拍壓勻。這個輕拍的步驟一定要小心，因為很容易不小心像在拍粉底一樣暈得太大塊，導致最後整張臉都黑黑的，所以建議使用比較尖頭窄面的海綿，再使用定點輕壓的方式，原本修容畫在什麼位置，輕壓海綿時就不要離開那個位置太多，讓畫好的修容都可以完整地被壓平在肌膚上。

18 使用 Q 沾取 R 中的霜狀打亮，刷在鼻梁正中間、人中唇珠最翹的部位，以及眉尾正下方的凹槽處，主要刷你想要更加反光或是產生光澤的部位，再使用 C 稍微輕輕壓開，使用手指稍微點開也可以。

19 完成打亮後，使用指腹沾取 R 中的霜狀腮紅，點在臉頰的笑肌上，再使用指腹輕拍推開。珊瑚橘色的腮紅是為了呼應眼影顏色，而且霜狀腮紅擦起來比較自然，可以打造出妝容的深邃感。圖中示範都是使用霜狀產品，但如果大家想要擦蜜粉或是粉餅，記得一定要在所有霜狀產品都擦完後才能上定妝粉類產品。

20 最後在雙唇飽滿地擦上 S。這款妝容刻意不定妝，保持霜狀產品所打造出來的自然折光感，再搭配上水潤型的酒紅莓果色唇膏，整體呈現巨星光采感！圖中示範的是比較暗黑性感的妝容，所以唇彩選擇比較深色，如果大家想要比較日常妝容的感覺，可以搭配淺色一點的口紅或是裸色系列的唇彩。

SEASON	一年四季
SKIN TYPE	乾性膚質 中性膚質 混合性膚質 油性膚質

LOOK2 粉狀修容

MAKE-UP POINT

難以抵擋的暗黑性感，
V LINE 小顏修容 X C 字打亮魅惑人心

粉狀修容比起霜狀修容來說，相對普遍常見，
而且我也比較喜歡粉狀修容，幾乎是每天化妝的步驟。
如果是化妝新手，害怕修容將整張臉畫得黑黑的，
可以選用顯色度一般的修容餅開始下手，慢慢推疊出適當的色量。
而利用粉狀產品，達到明顯的顴骨打亮手法，
也是歐美妝容必學的一個步驟！

glam makeup
powder contour

USE THESE!

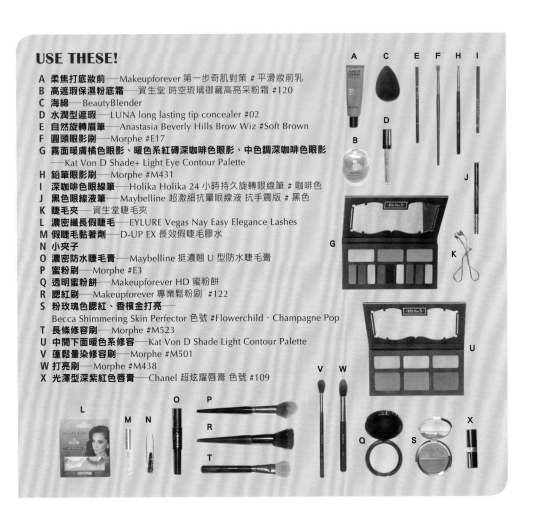

A 柔焦打底妝前——Makeupforever 第一步奇肌對策 # 平滑妝前乳
B 高遮瑕保濕粉底霜——資生堂 時空琉璃御藏高亮采粉霜 #120
C 海綿——BeautyBlender
D 水潤型遮瑕——LUNA long lasting tip concealer #02
E 自然旋轉眉筆——Anastasia Beverly Hills Brow Wiz #Soft Brown
F 圓頭眼影刷——Morphe #E17
G 霧面暖膚橘色眼影、暖色系紅磚深咖啡色眼影、中色調深咖啡色眼影
——Kat Von D Shade+ Light Eye Contour Palette
H 鉛筆眼影刷——Morphe #M431
I 深咖啡色眼線筆——Holika Holika 24 小時持久旋轉眼線筆 # 咖啡色
J 黑色眼線液筆——Maybelline 超激細抗暈眼線液 抗手震版 # 黑色
K 睫毛夾——資生堂睫毛夾
L 濃密纖長假睫毛——EYLURE Vegas Nay Easy Elegance Lashes
M 假睫毛黏著劑——D-UP EX 長效假睫毛膠水
N 小夾子
O 濃密防水睫毛膏——Maybelline 挺濃翹 U 型防水睫毛膏
P 蜜粉刷——Morphe #E3
Q 透明蜜粉餅——Makeupforever HD 蜜粉餅
R 腮紅刷——Makeupforever 專業鬆粉刷 #122
S 粉玫瑰色腮紅、香檳金打亮——
Becca Shimmering Skin Perfector 色號 #Flowerchild、Champagne Pop
T 長條修容刷——Morphe #M523
U 中間下面暖色系修容——Kat Von D Shade Light Contour Palette
V 蓬鬆量染修容刷——Morphe #M501
W 打亮刷——Morphe #M438
X 光澤型深紫紅色唇膏——Chanel 超炫耀唇膏 色號 #109

（到擦完睫毛膏的步驟，示範畫法都和霜狀修容一樣，接下來進行粉狀修容 + 打亮教學）

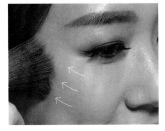

1 使用 **P** 沾取少量的 **Q**，在眼下、下巴、T 字部位等容易出油的地方定妝，先讓整張臉呈現柔霧效果，讓後續刷上粉霧狀修容時更容易暈染融合。很多明星在上鏡時蜜粉使用過度，透過閃光燈折射後反而容易讓整張臉反白，所以建議一次用量不要上太多，稍微沾取一點即可。

2 使用 **R** 均勻沾取 **S** 中少量的腮紅，以斜 45 度，從蘋果肌為起始點往斜上方刷，斜上刷出的腮紅能創造出比較成熟自然的妝感。注意下手不要太重，稍微讓臉頰有點紅潤感即可。

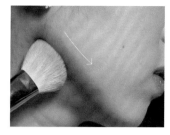

3 接著開始粉狀修容。使用 T 沾取 U，從耳朵往臉內的方向刷過，範圍停留在眉尾垂直往下的相交點，寬度則因每個人的臉部大小比例不同，圖中示範大約是 1.5 公分，而且靠近耳朵的顏色最深。畫完一條線後，將界線輕微地向外擴散。

4 繼續使用同樣的方式，使用 T 沾取 U，如圖中示範刷在下顎部位，一半在臉上看得到的地方，另一半則在下面陰影處，因為創造了陰影，所以正面臉的寬度會縮小，下巴也會變尖喔。

5 接著繼續使用 T，在額頭髮際線邊緣刷上 U，如果想要額頭短一點的效果，可以刷在額頭正上方的髮際線；如果想要臉瘦長一點的效果，可以刷在太陽穴旁邊的髮際線位置。因為修容非常靠近髮際線，所以回家之後記得一定要卸妝清除乾淨。

6 接著使用 V 沾取 U，針對鼻樑部位修容，從眉頭開始，由上往下刷到鼻頭，鼻樑左右兩邊都以一樣的方式刷過。如果兩道修容畫得愈近，從正面看起來鼻樑的寬度就會愈窄。切記下手力道要比剛剛步驟都還要輕。

7 完成修容後，接著開始打亮。使用 W 沾取 S 的香檳金，刷在太陽照射到的臉頰最高處，也就是顴骨，大約在眼尾下方，左右來回 2 次畫上一道閃爍的打亮，亮度可視個人喜好而定。

8 繼續使用 W 在眉尾後下方的凹槽處刷上 S 的香檳金打亮，並且和剛剛的顴骨打亮相連起來，形成一個打亮 C 字區。眉下打亮也是左右來回 2 次畫上閃爍的打亮，亮度也可視個人喜好而定。

9 人中唇珠部位也同樣使用 W 輕拍上 S 的打亮。因為打亮處集中在嘴唇最高的中間處，所以不需要過度暈染整個嘴巴，建議輕拍即可。

10 最後使用 X 飽和地塗滿雙唇。搭配上光澤型的深紫紅色唇膏，整體妝效比較偏暗黑性感。如果大家想要比較日常妝容的感覺，可以搭配淺色一點的口紅或是裸色系列的唇彩。

性感誘人妝

我平常私底下其實很喜歡性感的裝扮，
搭配上合適的妝容，尤其是針對眼線變化，
就能表達出比較撫媚誘人的風格。
這款妝容教是要分享我平時如何畫眼線，
一般日常都是畫平拉眼線，
但如果遇到派對、出席活動或是朋友聚餐時，
想要展現性感眼神，我就會勾勒眼尾的眼線。
紅金色眼妝再搭配桃紅唇彩，誘人焦點一百分！

| SEASON | 一年四季 |
| SKIN TYPE | 乾性膚質
中性膚質
混合性膚質 |

LOOK1 平拉眼線

MAKE-UP POINT
強調眼神的自然系眼線，放電心機絕招

平拉眼線，是化妝新手開始學畫眼線或是畫日常妝容時
可以經常使用到的一種基本技巧。不論你是單眼皮、雙眼皮，
或是像我一樣偏內雙，平拉出眼尾眼線是任何眼型的人
都可以輕鬆駕馭的畫法，而且也可以搭配不同風格的眼妝喔！

USE THESE!

A 控油型平滑肌打底──Makeupforever
第一步奇肌對策 # 控油妝前乳
B 光澤水潤高遮瑕氣墊粉餅──April Skin
Magic Snow Cushion
魔法氣墊粉底 升級版 #23
C 遮瑕──Nars 妝點甜心遮瑕蜜 #2.75
D 海綿──BeautyBlender
E 小型蜜粉刷──BH Cosmetics Shimmering
Bronze 12 Piece Brush Set
#05 Large Domed Blending Brush
F 透明蜜粉──Banila Co. 空氣感提亮持妝蜜粉
G 旋轉眉筆──Innisfree 生機自動眉筆 # 深棕色
H 雙頭眼影刷──Labiotte 雙頭眼影刷
I 圓頭眼影刷──e.l.f 刷具
J 金屬感莓果色眼影、暖色系淺咖啡色眼影、
珠光金咖啡色眼影、珠光米白色眼影──
Morphe Fall Into Frost Palette #35F
K 暈染刷──Laura Mercier 眼影刷
眼褶刷 Pony Tail
L 深咖啡色眼線筆──Holika Holika 24 小時
持久旋轉眼線筆 # 咖啡色
M 黑色眼線液筆──Maybelline 超激細抗暈
眼線液 抗手震版 # 黑色
N 睫毛夾──資生堂睫毛夾
O 濃密睫毛膏──Kiss Me 花漾美姬 新超激
濃密防水睫毛膏 # 黑色
P 霜狀桃紅色腮紅──
Etude House 炫彩百搭魔術棒 #14
Q 桃粉色唇膏──Loreal 純色訂製唇膏 #P403
R 霧面桃색偏紫色氣墊唇彩──
Maybelline 極綻色恣意漸層渲染氣墊
唇筆 #Fuchsia1 煙花下漫舞

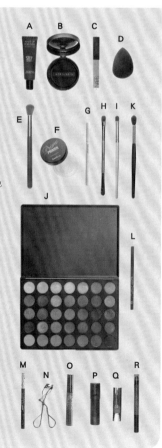

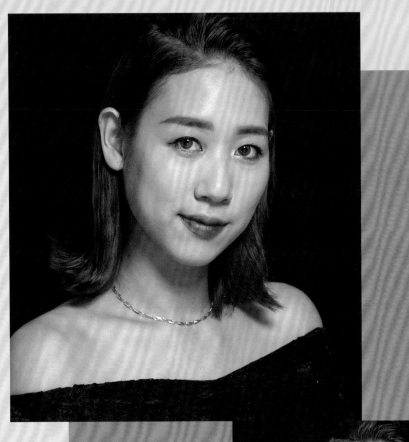

Sexy makeup everyday liner look

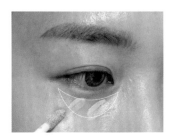

1 將 A 擦在容易出油的 T 字部位或
是需要柔焦的地方。像我是混合
性膚質，T 字部位還有鼻翼旁邊的毛孔
都比較粗大，就可以在妝前步驟先使
用控油的妝前乳，修正原本的肌膚狀
況，後續拍上粉底也會相對均勻服貼。

2 使用 B 中的粉撲，沾取均勻適量
的氣墊粉底，先輕拍在臉頰上，
再均勻拍在全臉上。使用氣墊的訣竅
是分次沾少量，再慢慢堆疊出想要
的遮瑕力以及妝感，千萬不要一次大
量使用。

3 將 C 畫兩道在黑眼圈最深的部位，
也可以同時塗抹在其他需要加強
遮瑕的地方，接著再使用浸濕的 D 推
開。圖中只有示範遮瑕眼下部位，是
因為前個步驟的氣墊粉餅遮瑕力已經
很高，其餘部位的遮瑕不需要太多。

4 接著使用 E 沾取適量的 F，將剛
剛遮瑕過的眼下部位，以輕拍的
方式按壓，進行定妝。沒有進行全臉
定妝是為了保留氣墊粉底創造出來的
光透水潤妝感，如果是春夏時節或是
油性膚質，則可以自行調整定妝。

5 使用 G 在眉毛最下方畫一條線確
定眉毛的位置、高度還有長度，
接著再使用 G 另一端的刷具往上刷
暈染，讓剛剛橫畫的線條像是眉粉一
樣畫出暈染效果以填補眉毛。

6 使用 H 刷毛面積比較大的那一端
沾取 J 中的金屬感莓果色眼影，
左右來回輕輕壓在雙眼皮摺線內的部
位，看上去大概會是橢圓形的形狀。
如果是單眼皮，稍微畫到眼睛睜開時
可以隱約看到一點點顏色即可。

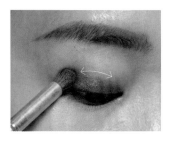

7 接著再使用 I 沾取 J 中的暖色淺
霧面咖啡色眼影，暈染剛剛擦好
的莓果色眼影的上方界線。暈染位置
大概在雙眼皮摺線再往上，這個步驟
可以讓整體眼妝看起來更柔和。

8 使用 K，並且保持乾淨而沒有沾
染顏色的狀態之下，再度柔和剛
剛疊上的霧面咖啡色眼影邊界，輕輕
往上暈，主要也是讓整體眼妝柔和。

9 使用 H 刷毛面積比較小的一端，
沾取 J 中珠光金咖啡色眼影，刷
在眼睛下方，從眼頭到眼尾，特別
在眼尾後 1/3 處顏色稍微加重一點，
對比眼睛上方的金屬感莓果色眼影。

10 接著再繼續使用H刷毛面積比較小的刷頭，轉到乾淨的一面，沾取J中的珠光米白色眼影，刷在眼睛最前面的C字區，當作眼部打亮，可以達到放大眼頭的閃亮效果。

11 使用L畫上內眼線，完全不勾勒眼尾，只使用眼線填補睫毛之間的空洞處。一般畫內眼線時，我習慣將眼睛直接撐開畫，建議新手可以如圖中示範，一邊運用手指稍微將上眼皮提起，一邊慢慢描繪。

12 使用M畫出眼線，眼睛往下看，從眼頭開始往後畫，盡量畫在靠近睫毛根部，一筆一筆的描繪眼線。黑色的眼線效果會比較明顯，如果擔心失手或是想要比較自然的效果，也可以使用深咖啡色眼線筆。

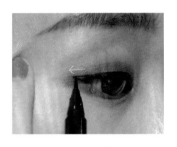

13 描繪眼尾時，可以看向正前方，從眼尾開始，平平拉出眼線到想要的位置以及長度，眼尾長度則可以拉出大約0.5公分。接著眼睛再往下看，觀察平拉眼線和之前的內眼線有沒有連接起來。

14 使用N自然地夾翹上睫毛，再使用O在上下睫毛刷上兩層。使用黑色睫毛膏效果會比較濃烈深邃，剛好搭配之前畫上的黑色眼線。如果選擇畫上深咖啡色眼線，或是想要更自然的妝感，也可使用深咖啡色睫毛膏。

15 完成眼妝後，使用指腹沾取少量的P，在臉頰最高處點上一點，之後順著30度的角度，往外點在臉頰部位，最後再統一使用指腹輕輕拍開。因為這個桃紅色腮紅顏色比較重，所以建議一次用量不要太多。

16 擦上和腮紅顏色相近的Q，以按壓的方式壓滿在雙唇上，因為後續還要疊加其他顏色，所以只要稍微讓雙唇產生底色即可。

17 使用R，先塗在下唇內圈，寬度大約是自己單唇寬度的50%，接著上唇內圈也擦上，寬度大約是自己單唇寬度的20%。

18 最後再使用R的氣墊頭，暈開唇彩的邊界，達到漸層暈染的柔和效果。這款霧面唇膏是桃紅色中帶一點紫色調，顯色度高又飽和，可創造明顯的咬唇妝效。

LOOK2 勾勒貓眼

MAKE-UP POINT
散發耀眼氣場的上揚眼線，
榮登 Party Queen

這款勾勒貓眼的妝感很明顯，
通常比較不適合上班、上班的日常場合，
但如果是派對或特殊節日如萬聖節打扮時，就可以派上用場！
如果是眼睛或是眼尾比較垂的人，
也可以運用這款眼線技巧，畫出眼尾眼線以改變眼型。
以下介紹的是基本概念，可以再更換顏色或是長度、寬度，
變化不同的延伸妝容喔！例如想要日常一點的妝感，
甚至不用縮短拉長的眼線，使用深咖啡色眼線即可！

USE THESE!

A **控油型平滑肌打底**──Makeupforever 第一步奇肌對策 色號 # 控油妝前乳
B **光澤水潤高遮瑕氣墊粉餅**──April Skin Magic Snow Cushion 魔法氣墊粉底 升級版 色號 #23
C **遮瑕**──Nars 妝點點心遮瑕蜜 #2.75
D **海綿**──BeautyBlender
E **小型蜜粉刷**──BH Cosmetics Shimmering Bronze 12 Piece Brush Set 型號 #05 Large Domed Blending Brush
F **透明蜜粉**──Banila Co. 空氣感提亮持妝蜜粉
G **旋轉眉筆**──Innisfree 生機自動眉筆 色號 # 深棕色
H **雙頭眼影刷**──Labiotte 雙頭眼影刷
I **圓頭眼影刷**──e.l.f 刷具
J **金屬感莓果色眼影、暖色系淺咖啡色眼影、珠光金咖啡色眼影、珠光米白色眼影**──Morphe Fall Into Frost Palette #35F
K **暈染刷**──Laura Mercier 眼影刷 型號 # 眼褶刷 Pony Tail
L **深咖啡色眼線筆**──Holika Holika 24 小時持久旋轉眼線筆 # 咖啡色
M **黑色眼線液筆**──Maybelline 超激細抗暈眼線液 抗手震版 # 黑色
N **睫毛夾**──資生堂睫毛夾
O **濃密睫毛膏**──Kiss Me 花漾美姬 新超激濃密防水睫毛膏 # 黑色
P **霜狀桃紅色腮紅**──Etude House 炫彩百搭魔術棒 #14
Q **桃粉色唇膏**──Loreal 純色訂製唇膏 #P403
R **霧面桃偏紫色的氣墊唇彩**──Maybelline 極綻色恣意漸層渲染 氣墊唇筆 #Fuchsia1 煙花下漫舞
S **深咖啡色染眉膏**──Benefit 3D BROW tones 立體提亮眉膏 #04 medium/deep
T **濃密款假睫毛**
U **假睫毛黏著劑**──D-UP EX 長效假睫毛膠水
V **小夾子**
W **長條修容刷**──Morphe #M523
X **中間下面暖色系修容**──Kat Von D Shade+ Light Contour Palette
Y **大紅色唇膏**──Dior 藍星訂製唇膏 #999

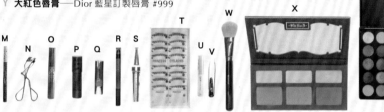

(到上完腮紅的步驟，示範畫法都和平拉眼線一樣，接下來進行勾勒眼線教學)

1 刷上 S，從眉頭開始塗到眉尾，可讓毛流看起來更明顯俐落。塗法就像刷睫毛膏，由下往上，只要讓每根眉毛都沾上染眉膏即可，最後再由上往下刷過，讓毛留固定住方向。

2 圖中示範使用棉花棒沾取一點卸妝液，將平拉眼線妝容的眼尾眼線卸掉。如果想要直接勾勒眼線，畫完內眼線後，便可以接著下一個步驟。

3 使用 L 描繪眼尾部位的內眼線，再針對眼睛下方後 1/3 處描繪，並且往後連接到剛剛上眼線的眼角處，重點就是不要讓眼線出現膚色，都要記得填滿。

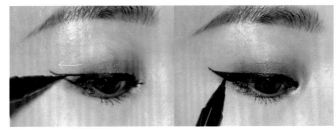

4 接著使用 M，眼睛往下看，將剛剛描繪的深咖啡色下眼線後 1/3 處設為起始點，開始往眉尾的方向畫出去，勾勒出貓眼線，長度可以自行決定，圖中示範為了創造誇張明顯的妝感，畫出 1 公分的眼線。

5 繼續使用 M，再將之前畫好的靠近睫毛處眼線連接起來，如圖中示範，連接後會畫出一個小小角型後，之後再將它塗滿。

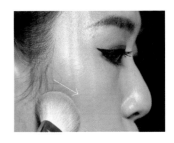

6 接著戴上假睫毛，先拿取 T，剪下眼尾 1/3 的長度，並沾取 U，黏在眼睛上睫毛後 1/3 處，和剛剛刷好的睫毛膏融為一體，呈現眼睛加長的模樣，創造出的妝感也會比較性感撫媚。過程中都可以使用 V 微調。

7 再次使用 L，填補下眼線漏掉的任何空隙。因為這款眼妝的妝效比較濃烈，所以一定要仔細注意眼線是否有斷層，如果有，就要將所有空隙填滿。

8 使用 W 沾取少量 X，刷在顴骨下方的臉部凹處、下顎部位，打造臉部輪廓，正面臉的寬度會縮小，下巴也會變尖。因妝感比較濃烈，所以修容會比平常稍微多上一點，比較濃的眼妝配上比較深的修容，互相呼應。

9 誘人的性感妝容怎能少了紅唇？選擇大紅色口紅搭配比較濃烈的眼妝。使用 Y，橫向地飽和擦在上下唇，但先不要描繪唇線。

10 最後再使用指腹輕輕暈開唇線的邊界。這款妝容的眼妝雖然濃烈但眼影表現柔和，所以唇妝也要創造出柔和感呼應，而如此一來，俐落的眼線會顯得更加明顯。

CHAPTER

VIDEO MAKEUP TUTORIALS

3

5大季節色系全臉妝

手機上開啟 COCOAR2 掃描本頁,
會出現教學示範影片喔!

春天櫻花妝

淡粉甜心，桃花好運一起降臨！

這款妝容的發想是來自春天的粉嫩感，

不論是眼妝還是唇彩，色調都像是淡淡的櫻花一樣，

適合任何膚質，也適合想要淡妝表現或是上班、上課的場合。

如果是第一次約會或是見長輩時，也非常推薦這樣的好氣色淡妝，

淡淡粉色系加上咖啡色的自然眼線和睫毛膏，保證任何場合都不會出錯！

再搭配一身可愛的服飾配件，超級少女！

USE THESE!

A **潤色型妝前柔焦**——Etude House 美肌魔飾 超上相柔光修飾乳

B **遮瑕保濕 BB 霜**——Etude House 貼身情人 BB 霜 #W13

C **海綿**——BeautyBlender

D **水潤型遮瑕**——LUNA long lasting tip concealer #02

E **粉底刷具**——Sigma Brushes#F80

F **蜜粉刷**——Labiotte 蜜粉刷

G **透明蜜粉**——Banila Co. 空氣感提亮持妝蜜粉

H **三合一眉盤**——Maybelline 時尚 3D 立體雙效眉彩盤 #BR-1

I **旋轉眉筆**——1028 我型我塑持色眉筆 # 咖啡色

J **眼影盤**——Morphe Pro Palette #35W

K **暈染刷**——Morphe #M433

L **圓頭刷**——e.l.f 刷具

M **眼影刷**——Labiotte 雙頭眼影刷

N **眼影**——Colourpop Super Shock Cheek #Might Be

O **咖啡色眼線筆**——Holika Holika 24 小時持久旋轉眼線筆 # 咖啡色

P **咖啡色眼線液筆**——Maybelline 超激細抗暈眼線液 抗手震版 # 咖啡色

Q **睫毛夾**——資生堂睫毛夾

R **濃密款睫毛膏**——Kiss Me 花漾美姬 新超激濃密防水睫毛膏號 # 咖啡色

S **腮紅刷**——Makeupforever 專業鬆粉刷 #122

T **腮紅**——Etude House 小公主甜心腮紅 #6

U **斜角刷**——Laura Mercier 斜角刷

V **修容**——Canmake 小顏粉餅 #01

W **口紅**——YSL 奢華緞面漆光唇釉 #403

夏日防水妝

沁涼度假美人，奔向金橘陽光一片海藍藍！

夏天時，前往海邊或是郊遊出去玩，都想要畫一款很持妝的防水妝容吧？
讓我們一起學會這款閃耀整個夏季的妝容！
眼妝特別使用許多古銅金、橘色調，帶出夏日的感覺；
下眼線又巧妙地運用亮藍色彩，讓整體妝容更有畫龍點睛的效果；
唇彩則使用橘色，運用咬唇妝技巧，畫出漸層的自然唇色。

USE THESE!

A 噴霧──MAC prep+Prime Fix+
B 粉底──Makeupforver 恆久親膚雙用水粉霜 #Y245
C 粉底刷──Etude House 神來一筆 兩用粉底魔術棒
D 遮瑕──Maybelline 黑眼圈擦擦筆 #Light
E 海綿──BeautyBlender
F 腮紅──3CE 奶油腮紅棒 #Love Craft
G 噴霧──Urban Decay Makeup Setting Spray
H 眼影打底膏──Nars 無所畏！眼影打底筆
I 三合一眉盤──Maybelline 時尚 3D 立體
  雙效眉彩盤 #BR-1
J 染眉膏──Benefit Gimme Brow 豐眉膏 #03
K 眼影盤──Too Faced Chocolatebar Palette
L 眼影霜──LOreal infallible eye shadow #892
M 眼影刷──Labiotte 雙頭眼影刷
N 暈染刷──Laura Mercier 眼影刷 # 眼褶刷 Pony Tail
O 咖啡色眼線液筆──Maybelline 超激細抗暈
  眼線液 抗手震版 # 咖啡色
P 深咖啡色眼線筆──Colourpop 眼線筆 #call me
Q 藍色眼線筆──Etude House 筆筆皆是～妝模術
  101 炫彩畫筆 #36
R 睫毛夾──資生堂睫毛夾
S 假睫毛黏著劑──D-UP EX 長效假睫毛膠水假睫毛
T 小夾子
U 小剪刀
V 假睫毛──透明梗 906 號
W 濃密款睫毛膏──Kiss Me 花漾美姬
  新超激濃密防水睫毛膏 # 黑色
X 氣墊唇彩──Maybelline 極綻色恣意
  漸層渲染氣墊唇筆 #Orange1 C 大調幻想曲
Y 霧面唇膏──Maybelline 極綻色裸放
  悸動絲絨霧光唇膏 #MAT2 Salmon Pink 從容

秋天落葉妝

絕世名伶，優雅橙棕復古風情

秋天給人的感覺是淡淡的溫柔印象，也容易聯想到落葉、南瓜，
一片橘色畫面給我靈感設計了這款溫柔的橘色落葉妝。
眼妝在眼尾點綴橘色；唇彩則搭配淡淡的玫瑰色，
不搶走眼妝的溫柔感，但又延續整體的柔和感。
秋冬時只要搭配一頂帽子或是大衣，就好像行走在楓葉大道一樣。

USE THESE!

A 妝前打底——Laura Mercier 喚顏凝露 # 一般型
B 粉底——Laura Mercier 絲緞光粉底液 #Medium Ivory
C 粉底刷具——Sigma Brushes#F80
D 海綿——BeautyBlender
E 遮瑕——Nars 妝點點心遮瑕蜜 #2.75
F 眼影打底膏——Nars 無所畏！眼影打底筆
G 海綿——BeautyBlender
H 透明蜜粉——Laura Mercier 柔光蜜粉
I 蜜粉刷——Morphe #E3
J 旋轉眉筆——Anastasia Beverly Hills Brow Wiz #Soft Brown
K 9 色眼影盤——Kylie Cosmetics Kyshadow #Bronze Palette
L 眼影——Maybelline 鎂光燈 3D 立體眼彩盤 #BR-1 時尚手拿包
M 暈染刷——Laura Mercier 眼影刷 # 眼褶刷 Pony Tail
N 圓頭刷——Morphe 刷具 #E17
O 尖頭刷——Morphe 刷具 #M431
P 眼影刷——Labiotte 雙頭眼影刷
Q 黑色眼線筆——essence 持久眼線膠筆 # 黑色
R 黑色眼線液筆——Maybelline 超激細抗暈眼線液 抗手震版 # 黑色
S 睫毛夾——資生堂睫毛夾
T 小夾子
U 假睫毛黏著劑——D-UP EX 長效假睫毛膠水假睫毛
V 假睫毛——日本 AK 精品 純手工假睫毛 #609
W 暖色系修容——Kat Von D Shade+ Light Contour Palette
X 斜角刷——Laura Mercier 斜角刷
Y 蓬鬆暈染刷——Morphe 刷具 #M501
Z 腮紅刷——Morphe 刷具 #S19
AA 腮紅——Nars 炫色腮紅 #Deep Throat
BB 打亮刷——Morphe #M438
CC 打亮盤——Anastasia Beverly Hills Sun Dipped Glow Kit #summer
DD 唇彩——Colourpop Lippie Stix #Cami

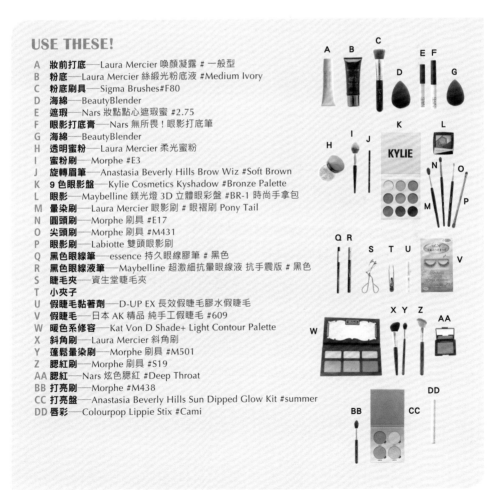

Fall orange
makeup

氣質紫羅蘭妝

甜辛適中女孩，以柔和紫彩擺脫稚氣感！

這是我曾經發布在社群軟體上，相當受到大家歡迎的一款人氣妝容！
一般對於紫色的印象，都是效果濃烈一點的煙燻妝，
其實紫色的變化非常多元，所示範的就是比較柔和的氣質紫羅蘭妝，
加上沒有使用整副假睫毛，以漸層的紫色眼影搭配自然的睫毛，
最後再使用帶有紫色調的桃紫色突顯性感的豐唇，
整體感覺非常有女人味！如果想要自然一點的妝效，
只要將唇彩換成水潤的淡粉色唇膏就可以了！

USE THESE!

A 妝前打底——VDL 貝殼提亮光澤妝前乳
B 粉底刷——Etude House 即可拍 專業氣墊粉底刷
C CC 霜——IOPE 亮妍 CC 霜 #02
D 遮瑕膏——Canmake 全方位遮瑕組 #01
E 蜜粉——Laura Mercier 柔光蜜粉
F 小隻蜜粉刷——BH Cosmetics Shimmering Bronze 12 Piece Brush Set
#05 Large Domed Blending Brush
G 眼影打底膏——Nars 無所畏！眼影打底筆
H 旋轉眉筆——Anastasia Beverly Hills Brow Wiz #Soft Brown
I 眼影盤——BH Cosmetics Carli Bybel Eyeshadow & Highlighter Palette
J 圓頭刷——Morphe 刷具 #E17
K 圓頭刷——e.l.f 刷具
L 暈染刷——Laura Mercier 眼影刷 # 眼褶刷 Pony Tail
M 深咖啡色眼線筆——Colourpop 眼線筆 #call me
N 防水睫毛膏——Maybelline 挺濃翹 U 型防水睫毛膏
O 睫毛夾——資生堂睫毛夾
P 小夾子
Q 假睫毛黏著劑——D-UP EX 長效假睫毛膠水假睫毛
R 單株假睫毛——Ardell Individual
S 修容刷——Morphe #M523
T 修容——Too Cool For School 美術課三色修容餅
U 腮紅刷——Makeupforever 專業鬆粉刷 #122
V 腮紅——NYX Blush #Pinky
W 唇彩——KatVonD Everlasting Liquid Lipstick #Mother

節慶派對妝

帥勁紅唇，自信俐落煙燻技巧

原來利用文具膠帶竟然也可以畫出自然的妝容？！

歐美有很多俐落的妝容或是貓眼妝，都會使用膠帶完成，

不過所示範的是比較柔和的派對妝，使用深色眼影代替眼線，

勾勒出眼尾，讓眼睛非常有神，但又不會使整體眼妝黑黑的、

看起來很過時的煙燻妝。最特別的是使用膠帶當作輔助工具，

如果後來技巧熟練了，甚至不使用膠帶上妝也可以。

最後，一定要搭配經典的紅唇，保證你成為派對焦點！

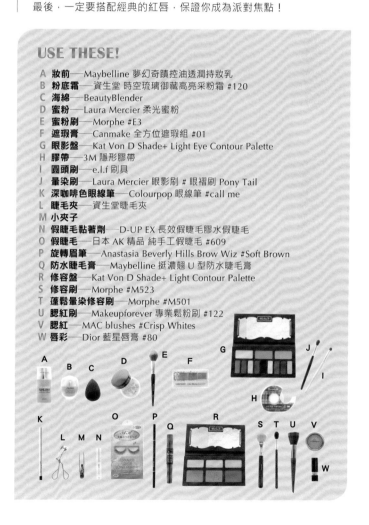

USE THESE!

A **妝前**——Maybelline 夢幻奇蹟控油透潤持妝乳
B **粉底霜**——資生堂 時空琉璃御藏高亮采粉霜 #120
C **海綿**——BeautyBlender
D **蜜粉**——Laura Mercier 柔光蜜粉
E **蜜粉刷**——Morphe #E3
F **遮瑕膏**——Canmake 全方位遮瑕組 #01
G **眼影盤**——Kat Von D Shade+ Light Eye Contour Palette
H **膠帶**——3M 隱形膠具
I **圓頭刷**——e.l.f 刷具
J **暈染刷**——Laura Mercier 眼影刷 # 眼褶刷 Pony Tail
K **深咖啡色眼線筆**——Colourpop 眼線筆 #call me
L **睫毛夾**——資生堂睫毛夾
M **小夾子**
N **假睫毛黏著劑**——D-UP EX 長效假睫毛膠水假睫毛
O **假睫毛**——日本 AK 精品 純手工假睫毛 #609
P **旋轉眉筆**——Anastasia Beverly Hills Brow Wiz #Soft Brown
Q **防水睫毛膏**——Maybelline 挺濃翹 U 型防水睫毛膏
R **修容盤**——Kat Von D Shade+ Light Contour Palette
S **修容刷**——Morphe #M523
T **蓬鬆暈染修容刷**——Morphe #M501
U **腮紅刷**——Makeupforever 專業鬆粉刷 #122
V **腮紅**——MAC blushes #Crisp Whites
W **唇彩**——Dior 藍星唇膏 #80

Edgy party makeup

CHAPTER

MAKEUP BASICS

4

彩妝基本

彩妝基本

化妝真的是一門學問、一門藝術，永遠不要害怕去嘗試、去搭配，
因為就算畫錯了，只要卸掉就好了，沒有什麼好擔心的！
以下和大家分享基本彩妝知識，還有我個人的經驗分享喔！

妝前打底

大家經常會問我：看完了各種說法，還是搞混妝前隔離、打底、防曬、隔離霜，這些步驟到底是什麼？一定要擦嗎？我認為，不一定要擦特定款式的妝前打底，而應該針對當下適合的肌膚狀況以及想要的妝感決定。像我自己收藏了二十幾罐妝前打底（因為愛彩妝，所以才收藏這麼多），針對天氣、妝感，以及當季流行的肌膚色號，創造每天不同的妝容選擇。

> 使用妝前打底
> （也就是所謂的 primer）
> 的用意在於：
>
> a. 讓後續底妝更加服貼
> b. 修飾改善原本基底肌膚

Laura Mercier 喚顏凝露

這是我人生第一罐保濕妝前，對我來說四季都可以使用，但秋冬最適合，擦完之後會增加保濕度，妝容效果也會更加水潤。還記得當初剛選進模特兒公司的時候，Laura Mercier 的首席化妝師來為我們上課，他會把喚顏凝露擠出大約十元硬幣的大小，像塗保養品一樣，以畫圓的方式將喚顏凝露擦在臉上，尤其針對臉頰加強塗抹，因為臉頰通常需要看起來光澤又水潤。這款保濕妝前最特別的是不用等它乾後吸收再上粉底，擦完直接上妝也沒有關係，如此一來也讓粉底更水潤服貼。

Laura Mercier 潤色隔離霜

有點類似喚顏凝露，差別在於這款是膚色，帶有一點潤色的效果，妝前擦上也可讓肌膚增加保濕度。與喚顏凝露擇一使用即可。

Makeupforever 第一步奇蹟對策系列清爽保濕

這款是比較適合夏天的保濕妝前，質地偏清爽不黏膩，特別適合混合性膚質和不喜歡黏膩感的人。像是混合性膚質的我，有時真的很難抉擇要保濕還是控油妝前，此時選擇這種清爽質地的保濕妝前，保濕度足夠，也不會讓臉太油。另外也可以在夏天使用，增加保濕度。不過，我在美國加州使用這款時會覺得效果稍嫌不足，在氣候比較乾的環境下，保濕度又再下降了一些，所以除非將先前保養步驟做足，否則在氣候較乾的地方我會選擇其他保濕妝前。

SELINA'S TIP

我是混合性膚質，T字容易出油、臉頰乾，換季時鼻子附近也很容易脫皮，可以將保濕妝前只擦在臉頰等需要補充水潤度的地方，減少底妝的乾裂。如果底妝想達到保濕效果，除了擦上保濕打底以外，也可以將精華液或是美容油混合一滴在粉底裡，如此一來可以增加底妝的保濕度，也可以讓妝容效果比較薄透水潤，不過，遮瑕度相對地會稍微下降一些。

如果保養步驟做得非常足夠，其實妝前就不一定要選擇保濕款，像我混合肌膚質也可以選擇控油款，只要讓臉的油水平衡，自己自由搭配混合，都是沒有問題的！

控油款

針對混合性膚質、油性膚質等需要更加強妝容持久度的人。部分控油款也會針對毛孔加強，減少毛孔出油或是填補臉上的毛孔，讓妝容更加貼勻肌膚。

Benefit 毛孔隱形露

這是我使用了好多年的妝前打底，因為我有些毛孔粗大，化妝時喜歡先將毛孔填補起來，讓後續的底妝可以更服貼，而不會坑坑疤疤。台灣基本上一年四季都是濕氣重的天氣，這款也具有控油效果，尤其可針對我的T字部位出油加強。不過，如果秋冬肌膚會出現局部乾塊情形的人，就不建議使用這款，因為會過度乾、過度控油，像我近期轉變成混合性偏乾膚質，就比較少使用這款。另外，這款比較需要留意用量，如果塗太多，很容易會起屑，或是原先臉太乾，又加上塗太多量，也會起屑。這款擦完後會有滑滑的觸感，延展性很高，所以建議可一點點上，不夠再擠出來使用。

Bobbi Brown 毛孔隱形精華

這款是 Bobbi Brown 櫃姐同時也是我的美妝頻道訂閱者，推薦我使用的控油妝前，當時靠櫃的時候，她看我鼻子出油，立刻推薦這款。它包裝比較小，適合旅行攜帶，而且其妝容控油的效果也非常好，控油持妝的同時，也不會過度乾燥，所以適合全年使用，我通常只有擦在 T 字部位，畢竟它的容量小，一次擦太多會有點心疼。這款比較特別的是，妝前妝後都可以擦，可以當作妝前打底，擦完後接著上粉底，或是外出攜帶，如果下午出油了，擠一點擦在出油的位置，可以瞬間霧化肌膚。這款延展性也很好，所以一次使用一點份量就足夠了。

Maybelline 控油透潤持妝乳

這款是我的近期最愛！可說是打敗了我很多使用過的妝前，不論專櫃還是開價，保濕或是控油，都比不上它的效果。我也曾經在美妝頻道中做過這款的全天測試，雖然是開架式產品，但其控油持妝效果非常讓人驚艷，而且擦完後不會過度控油，讓臉乾到脫皮，而是會瞬間清爽起來，算是控油中又帶有保濕的感覺，甚至秋冬時我到日本、美國等比較乾冷的地區，使用這款都剛剛好。它聞起來有防曬乳的味道，加上有防曬系數，基本上可以當作防曬打底，另外它的價位也是小資首選！

潤色款

針對膚色不均、有暗沉、有痘痘等具有色澤困擾的肌膚，這類型推薦給保濕和出油問題不大，而比較需要潤色效果的人。雖然我也有膚色不均的問題，但是我比較在意保濕和控油，所以我會選擇運用後面的底妝或遮瑕再修飾。這方面並沒有絕對的答案，大家可以自行選擇。

潤色妝前打底可以分為：

透乳白色──提亮肌膚

如果你喜歡透白的妝感，可以在妝前先擦乳白潤色，或是混合在粉底裡，如此一來可以提亮整體肌膚。

藍紫色──改善蠟黃肌膚

針對蠟黃的肌膚，尤其是自然肌膚的人。如果自身肌膚蠟黃，後面的粉底也將無法改善蠟黃感，所以可以選擇先使用藍色或紫色的妝前，將肌膚提亮，後續的底妝就會看起來更有氣色、更自然。

粉紅色──改善暗沉而缺乏氣色的肌膚

如果因為壓力大或是太過疲勞，造成肌膚沒有血氣，整個人看起來有點生病的感覺，此時可以選擇使用粉紅色的妝前，先讓肌膚添加一點紅潤氣色，整個人也會比較有血色，後續的底妝也不會太過慘白。

黃色──針對有明顯血管或黑眼圈的肌膚

如果你的肌膚狀態和我一樣，皮膚底下的藍綠色血管很明顯，或是眼皮的血管和黑眼圈下方黑青色很重，而你的肌膚可能又比較自然色，很難修飾，這種情形就可以擦上黃色的妝前打底，先修飾肌膚，並可以減少後續的遮瑕。

SELINA'S TIP

我很喜歡 Albion 瞬感裸妝乳的 01 號粉紅色，它主要可以修飾膚色，讓皮膚瞬間有柔焦感，而且也可以讓後續的底妝更持妝、更服貼，有時候我甚至可以單擦這款，之後再壓上定妝蜜粉，就很有裸妝的感覺了！

綠色──改善痘痘肌膚或泛紅情況

　　如果你有痘痘肌膚狀況，或是和我一樣換季時臉頰容易過敏、肌膚泛紅，這種情形可以在底妝之前，針對需要改善的部位擦上綠色妝前打底，如此一來後續上粉底也可以更輕鬆，因為泛紅已經減少了許多。

　　關於潤色型的妝前打底產品，我建議要多多試用並慎選，市面上有很多潤色型妝前打底的產品，真的都只有潤色效果，既沒有保濕也沒有控油功能。底妝當然愈薄愈好，效果才會自然又持妝，對我來說，如果擦了一項單純潤色的產品在臉上，卻無法幫助後續的底妝更保濕或持妝，那感覺沒有什麼必要，反而讓臉上多一層厚重感，所以除非後續的底妝非常厲害，或是自身肌膚狀況很好，否則我不建議選擇潤色型的妝前。

SELINA'S TIP

　　如果大家想要達到肌膚修飾潤色的效果，其實不只可以使用有顏色的妝前打底，市面上也有很多調色的遮瑕盤，比如說有綠色、紫色、橘色、黃色等色盤可以潤色或是修飾。

　　例如，在上完普通保濕或是控油妝前之後，在痘痘或是泛紅的地方使用色盤的綠色薄擦一層；或是在黑青色的黑眼圈上使用深橘色再薄擦一層，隨後直接擦上粉底液或是氣墊粉底，如此一來可以讓後續的底妝不需要擦很多層或是蓋很厚，利用原先的遮瑕色盤就修飾掉很多瑕疵了。

　　使用潤色的妝前打底，屬於針對全臉整體性改善，質地也會比較輕薄。而使用調色盤或者是調色膏，則屬於針對局部性加強改善，像是黑眼圈、痘痘或是血管。

粉底

認識我的人都知道，我是一個不折不扣的粉底控！基本上，大家經常說的「底妝」，其最關鍵的地方是指粉底，而粉底也有非常多種類。粉底主要的功能就是修飾膚色、遮瑕不足的地方，讓肌膚看起來健康、平滑、均勻。對我而言，粉底步驟相當重要，因為我希望自己的肌膚看起來很完美，所以大概已經收集了破百種粉底產品。建議大家，市面上的粉底種類眾多，不必像我一樣收集多款，但要用對適合自己的粉底！

粉底液

為市面上最普遍的粉底型態，通常都是在瓶中，擠出後為液體。質地上從比較偏水潤到比較偏固體狀的都有，遮瑕力普遍中等，但偏水潤質地的粉底相對比較薄透、遮瑕力低；也有偏固體的粉底，相對比較厚重、遮瑕力高。所有底妝產品都是由粉底液延伸而來，所以如果新手不知道如何下手時，建議從粉底液開始準沒錯！因為粉底液的款式、類型、色號、妝感，都是最多元、最完整的。

Marc Jacob
Remarkable Foundation

紅遍國外的夯品，也是我用過用量最省的粉底！真的只要點幾點份量在臉上，就能創造很完美的肌膚，保濕度雖然偏低，但看上去霧面妝效中還是有帶有一點自然的光澤，重點是超遮瑕！一點用量就夠修飾肌膚，這是一款非常值得嘗試的高單價產品！

BB 霜

相較於粉底液，BB 霜質地比較輕薄，輕薄中又帶有一定的遮瑕度。非常適合需要快速遮瑕上妝的人。

Etude House
Blooming Fit 情人貼身 BB 霜

在我使用過的粉底產品中，算是很持妝的 BB 霜，擦起來很薄透而有一定的遮瑕度，用量省，而且產品容量大，所以 CP 值高。這款是我高中時很喜歡的粉底產品，非常適合新手，如果想要嘗試入門粉底，相當推薦使用。不過選色時要注意，因為韓系品牌的色號通常都會比較白。

CC 霜

在 BB 霜後出產，是 BB 霜的再進階版本，為更為輕薄又保濕的底妝。非常適合只需要輕薄潤色，而不需要過重遮瑕的人。有時我到比較乾燥的地方旅行，像是部分歐美地區、日本、韓國等，我都喜歡帶著 CC 霜，不只上妝輕便，保濕度也很好。而在台灣秋冬或是換季時，天氣相對比較乾，這段期間也很適合使用 CC 霜。

SUGAO
Air Fit 空氣 CC 霜

———————

這款基本上沒有什麼遮瑕度，比較適合肌膚不需要遮瑕的人，或是上學、上班時淡妝使用。

DD 霜

是 CC 霜的更進階版本，成分比起彩妝更偏向保養的概念，基本上是比 CC 霜再更無遮瑕度而更有保養成分的產品。不過以台灣天氣來說，如果使用太保濕的產品，持妝力也會比較差。

粉條

輕便快速，不會弄髒手，早上需要快速出門時可以使用，亦非常適合隨時補妝。遮瑕力普遍都在中等或是少數為中等偏高。由於粉條是固體底妝，成分裡多少都會包含油脂，對於混合性或是油性膚質來說，使用上會太厚，或是天氣太悶熱時，很容易出油和脫妝，所以比較建議乾性或是中性膚質使用。

Bobbi Brown
快捷輕潤粉妝條

　　我認為這款比較適合秋冬使用，夏天時在我臉上持久度普通，妝感自然薄透，適合裸素顏。基本上，粉條效果都會比較油膩一點，所以比較推薦給乾性或是中性膚質。因為包裝輕便，適合出門隨身攜帶補妝使用。

粉凝霜

　　用量非常省，通常只要一點用量就可以擦全臉，效果多半偏厚重但遮瑕度都在中等以上，偏高遮瑕力，普遍比較有妝感。偏固體狀的粉凝霜，建議可以混合在隔離霜裡使用，或是在粉凝霜裡添加一滴精華或美容油使用，幫助均勻上妝，效果看起來也會比較輕透。以我經驗來說，歐美品牌的粉凝霜通常都比較濃稠質地、高遮瑕力；亞洲品牌如日本推出的粉凝霜，比較講求自然薄透的妝效，所以質地也會比較水潤，但遮瑕力中等。

資生堂
時光琉璃粉霜

　　在我使用過的粉凝霜中，這款算是效果很輕薄，連夏天都很持妝的粉底，通常市面上的粉凝霜都比較容易厚重，看起來很有妝感，但這款雖說是霜，卻是霜中比較水感的質地，一點點用量就可以推很廣，使用量上相對地會減少很多。另外，這款遮瑕效果也很好，可以呈現出自然妝感。

粉底精華

擦起來比較有擦上精華保養的感覺，屬於較為薄透的底妝，多半遮瑕度也比較低，但可以呈現自然裸妝感。建議不太介意遮瑕度，或是自身肌膚狀況良好的人使用，因為粉底精華效果普遍都比較薄透，如果針對重點遮瑕部位再疊加第二層，遮瑕力也不會明顯提升，所以也建議直接擦完粉底精華，再使用遮瑕產品會更好。

Giorgio Armani
極緞絲柔粉底精華

對於混合肌的我來說，這款在秋冬時擦起來妝感薄透自然，非常適合每日淡妝使用，但到了春夏時，持妝力會明顯不足。妝感薄透漂亮，可惜單價上有點昂貴，沒有那麼值得作為首選粉底，不過倒是可以當作一項經典收藏。

氣墊粉底

韓國近年非常流行的底妝，非常適合快速上妝跟補妝使用，可以製造出漂亮的光澤，喜歡韓系妝容的人必備！普遍都強調中等以上的遮瑕力，甚至大多數都是高遮瑕力。一開始，氣墊粉底的設計就是強調一拍即可，一項產品取代了粉底和遮瑕膏，讓底妝可以一次完成，所以保濕度都會很強，妝感相對非常水潤光澤，也有一定的遮瑕力，不過，由於韓國屬於比較乾燥的氣候，和台灣悶熱氣候比較之下，妝感的持妝力會有些差距，所以建議先了解自己的肌膚狀況後再慎選氣墊粉底，甚至可以使用氣墊粉底針對局部部位上妝就好。

後來，有愈來愈多歐美品牌也推出氣墊，甚至還有針對台灣氣候而設計的氣墊，大家可以針對自己的肌膚狀態以及想要的妝感選擇。另外，近期也出現愈來愈多的霧面氣墊，氣墊粉底的

選擇也更多元，但有時霧面氣墊相對保濕度會比較不足，不過比起許多霧面粉底液來說，霧面氣墊比較具有保濕度，所以如果大家肌膚比較乾燥，但又想嘗試霧面妝感時，與其選擇霧面粉底，霧面氣墊粉底也是一個很好的選擇。

雪花秀
無暇光感氣墊粉霜

我認為這款適合當作底妝，也適合補妝使用，其各方面功能都剛剛好，針對保濕、控油、持妝、光澤，每個特點表現上非常平均，我的色號是 23 號。台灣目前都買得到，建議大家可以到櫃上靠櫃試擦使用。

SELINA'S TIP

氣墊粉底的選色真的是門學問！因為韓國的粉底色號相對都會比較白，最常看到是 13、21、23，這三個色號由淺至深。普遍來說，23 號都是自然色，也會比較偏黃色調；13 號基本上是粉底中最白的色號，21 號則是一般明亮色，但我覺得有時候 21 號會有點粉白調，對於黃色調肌膚的我來說不太適合。韓國品牌的色號都比較自然明亮，如果是健康肌膚而想嘗試氣墊，可以考慮歐美品牌像是 Lancome、MAC、YSL、Dior 等，都會推出比較多色號、色調可以選擇。

粉底妝感

粉底產品以妝感可以分為：

霧面
分通常比較偏於控油，甚至會比較加強遮瑕力，大多數適合混合性或是油性膚質。例如：雅詩蘭黛粉持久完美持妝粉底、YSL 恆久完美輕粉底、Nars 裸光奇肌粉底液。

光澤
通常比較適合台灣秋冬天氣，尤其適合乾性或是混合偏乾的膚質，遮瑕度普遍比較低。例如：Smashbox Camera Ready BB water、妙巴黎果然美肌光輕粉底、Bobbi Brown 高保濕修護精華粉底。

自然
果通常比較薄透，擦起來不會太過光澤，但也不完全是霧面，非常適合裸妝使用。例如：Dior 輕透光空氣粉底精華、Giorgio Armani 極緻絲柔粉底精華、YSL 逆齡肌密精萃粉底

粉底上妝方法

　　上妝方式有多種，但我推薦大家使用海綿或是刷具，尤其是 Beauty Blender 浸濕擰乾後，拍妝時，可以使妝容更加服貼薄透。刷具上也有一定的上妝優勢，不過對於新手來說，比較需要技巧避免刷痕，而使用海綿的技巧性就比較低，比較簡單。

海綿

面上的海綿各式各樣，建議大家選擇比較柔軟的海綿，大致分為拋棄式或是可沖洗重複使用式。以海綿上妝，妝感效果會比較服貼、薄透，因為可以把多餘的粉量吸收，避免臉上粉底過多導致卡粉或是看起來太有妝感，另外也比較不容易產生妝痕跡。例如：Beauty Blender 美妝蛋、植村秀雙面五角海綿。

刷具

市面上的刷具亦各式各樣，建議大家可以靠櫃試用刷具，能在臉上試妝是最好，或是可以把毛刷試用在脖子或是下顎附近，觀察其觸感如何，建議選擇毛刷量比較濃密的刷具，像我一般比較喜歡圓平的款式。另外，在使用刷具時都要小心注意刷痕，而妝感遮瑕度相對會比海綿還高。例如：Morphe Brushes #M439、Sigma F80。

遮 瑕

遮瑕顧名思義是遮蓋臉上的瑕疵，像是黑眼圈、痘痘、雀斑、泛紅等。通常我會將遮瑕產品區分為二：一種是適合遮瑕部位，如同上述說到的黑眼圈、痘痘、雀斑、泛紅等，另一種則是質地包裝，而大致可以分為四種：膏狀、棒狀、液狀、霜狀。

膏狀

質地通常會比較乾，包裝像是口紅一樣，或是一盤方便調色，也非常適合補妝。因為膏狀的遮瑕力普遍稍微高一些，我一般會拿來遮瑕痘疤，而且如果出門後痘疤隨著時間顯現出來，隨手沾取膏狀遮瑕膏再次壓上都不是問題！

Canmake
全方位遮瑕組

我認為這款開架式遮瑕膏算是適合新手的選項，因為顏色可以自由調配，所以不用擔心顏色不適合自己，再加上容量輕巧，價錢又便宜，CP 值頗高。薄薄地上，可以遮黑眼圈，也可以遮瑕斑點、痘疤和痘痘。

液狀

質地比較濕潤，適合遮在黑眼圈，有時也可以遮蓋痘疤以及毛孔。通常會使用產品本身的棉棒頭直接上妝。

Nars
妝點甜心遮瑕蜜

———

　這款遮瑕是我相當喜歡的產品，因為其質地非常水潤，而遮瑕度剛剛好，所以我通常都會大面積的擦在眼下，除了遮瑕以外，也可以提亮。因為水潤度佳，所以不會卡在眼周細紋，可說是想要嘗試專櫃遮瑕時的首選。

霜狀

遮瑕度最高，同時也比較厚重，所以使用時要小心用量，可以將它混合粉底後再遮瑕，比較不會因為過度厚重而不易推開。乾性膚質要盡量避免使用，或是極少量使用。

Innisfree
礦物遮瑕液

———

　這種霜狀遮瑕的包裝一定都不會太大，所以一次用量都不需要太多，否則會推不開，而且妝感會很重，因為其遮瑕力偏高、質地偏固體。切記少量多次才是上妝最好的方法喔！甚至有時候因為質地太霜稠狀，建議可以將粉底剩餘一點點和遮瑕霜混合，再進行部位的遮瑕。可以先擠一點在手背上，使用指腹均勻點勻，再以輕點的方式按壓在遮瑕部位，最後再輕拍開或是使用海綿輔助也可以。

遮瑕產品以功效主要可以分為兩種：遮痘疤、遮黑眼圈。

遮痘痘、痘疤

因為痘痘、痘疤周圍通常都會比較乾，建議不要使用太乾的遮瑕產品，如果使用了比較乾的遮瑕，很容易出門過幾個小時就會卡粉，甚至出現乾裂的狀況。不過，也不要使用太過於濕潤的遮瑕，否則遮瑕力太低，需要堆疊好多層才能達到一定的遮瑕度，如此一來，出門之後也很容易因為妝太厚，再加上台灣天氣濕熱而造成脫妝，所以質地要拿捏清楚，用量也要留意。

我在遮瑕下巴痘疤的時候，會先擦遮瑕膏單層，蓋在需要遮瑕的地方，等待 30 秒之後再推開，遮瑕度會更好並且更持久。例如：CODE X MOOMIN 嚕嚕米奶油長效遮瑕液、LUNA 亮澤遮瑕液。

遮黑眼圈

相信黑眼圈一定是很多人的遮瑕痛處！尤其是過敏型的黑眼圈，想要達到完美遮瑕真的需要多次練習，並且找對產品。在學習黑眼圈遮瑕方式之前，大家一定要清楚知道，因為黑眼圈靠近眼睛周圍，所以相對地一定要做好眼睛周圍的基礎保養，達到一定的保濕度，加上時常進行眼周穴道按摩，可以幫助黑眼圈的改善，如此一來，後續上遮瑕膏才比較不會產生卡粉或是細紋的現象。

黑眼圈的遮瑕質地建議盡量選擇稍微保濕一點的產品，除了比較容易推開以外，也可以減少上妝後的卡粉或是脫妝。如果有些人的黑眼圈屬於偏深的黑青色，單用市面上一隻遮瑕也遮不掉，我會建議另外一種方法：可以在擦上粉底前，以偏橘色的遮瑕色先將黑眼圈打底蓋掉，減少黑青感，接著上粉底，再蓋上一般膚色的自然遮瑕，如此一來整體眼睛周圍就會很完美了。例如：Nars 妝點甜心遮瑕蜜、Maybelline Fit Me 遮遮稱奇遮瑕膏。

SELINA'S TIP

　　很多人一定好奇，到底要先上遮瑕，還是先上粉底？這個沒有標準答案，可以針對個人搭配的產品組合變化。比如說，今天你因為過敏而黑眼圈很重，但又想達到輕透底妝的效果，所以使用了遮瑕度不高的粉底精華，這種情形我認為可以先以海綿針對要遮瑕的部位蓋上遮瑕膏，接著再用粉底刷將粉底精華漂亮又薄透的擦在臉上。

　　相反地，如果你今天採用一般妝感的粉底，就會正常先使用粉底液，上完粉底之後再觀察有哪裡還需要加強遮瑕，再後續遮瑕，如此一來才不會導致妝感過厚，畢竟粉底液都有一定的遮瑕度，先觀察它能達到什麼程度，再加強，既可避免粉底過厚，亦可避免容易脫妝。

定妝

上完粉底以及遮瑕後，需要定妝產品讓底妝在臉上維持更持久。當然大家也可以略過粉底的步驟，擦點妝前或是隔離之後，直接上定妝產品，即完成一個簡單的淡妝。不過，以台灣悶熱的天氣來說，我建議大家不要再跳過定妝步驟，因為這是能讓底妝更為持久的關鍵喔！

定妝產品以質地可以分為：蜜粉、粉餅、蜜粉餅、定妝噴霧。

蜜粉

這是我最喜歡的定妝質地，擦起來比較薄透自然，一般沒有遮瑕度，所以也比較沒有色號選擇的問題。

Laura Mercier
柔光蜜粉

這是我用過最好的定妝產品！不論使用的粉底是什麼品牌，只要定妝擦了這款，就可以讓妝容明顯更加持久。可以使用刷具薄透定妝，或是運用歐美烘焙法定妝也可以。在我初學化妝時，一開始都使用粉餅居多，直到 18 歲參加模特兒比賽，接觸了 Laura Mercier 這個品牌之後，接下來我都持續使用這款蜜粉，雖然中途嘗試過非常多款其他定妝產品，但這款依舊是我用過最好的蜜粉，而且一年四季、各種膚質都適合。當模特兒的時候，經常早上七、八點就要進行彩排，彩排結束後直接化妝，並且要讓妝容撐到晚上的服裝秀，而這款蜜粉正是足以維持一整天漂亮妝容的好選擇。

粉餅

適合攜帶外出補妝的定妝產品，有一定的遮瑕度，可以讓妝容更持久，通常比較適合需要霧化肌膚的人，比較乾的肌膚就比較不推薦。如果以刷具使用粉餅，能讓妝容有自然薄透的霧化感，有點像蜜粉的妝感，但遮瑕度比蜜粉再高一點；如果出門在外，使用內附的粉撲按壓粉餅，就會創造出粉霧妝容，並且有較高的遮瑕度。

YSL
超模粉餅

這款粉餅是我當初靠櫃試用後直接愛上的產品！因為它的效果非常粉霧，會讓臉部瞬間霧面，妝感明顯，而且對於毛孔的遮瑕力非常好。

蜜粉餅　適合攜帶外出補妝的定妝產品，介於粉餅與蜜粉之間，包裝和粉餅相似，但粉質又比粉餅細緻，像是蜜粉的感覺，遮瑕度比較薄透，適合喜歡自然妝感的人。

{
后
光澤黃金蜜粉餅

———————

　　這款我認為是喜歡清透妝感的人才會喜歡的一項產品，雖然是粉餅的狀態，但擦上後是蜜粉的感覺，看上去粉霧質感之中又帶有淡淡的光澤度。
}

這是我第二喜歡的定妝產品，因為近年底妝強調光澤又充滿自然水潤的妝感，如果使用上述三種定妝產品，很容易將光澤度帶走，所以我會選擇使用噴霧，既讓妝容持久，又不帶走光澤度。不過相對地，定妝噴霧的持妝度比較弱一些，適合台灣秋冬的天氣或是乾性膚質，甚至適合於高緯度、比較乾冷的國家使用，像我前往美國加州、日本、韓國時都使用噴霧居多。

Urban Decay
Makeup Setting Spray

這款定妝噴霧我非常喜歡！在最後化妝步驟噴上，真的可以讓我的妝容持久，並且擺脫稍早上妝的粉感，看上去也會比較自然，只可惜目前這款產品只有國外才買得到。

定妝產品以妝感可以分為：薄透自然型、控油霧面型。

適合喜歡薄透自然妝感的人或是中性膚質、不太需要多餘控油效果的人。例如：Chanel 活力光采雪紡水潤粉餅。

適合喜歡比較高遮瑕度，並且需要控油持妝效果的人，比較適合混合性或是油性膚質。例如：Makeupforever HD 微晶蜜粉餅。

定 妝 上 妝 方 法

定妝產品除了噴霧式直接噴用以外，
另外還有兩種上妝方式：一種是海綿，一種則是刷具。

海綿　通常比較適合攜帶外出，需要快速補妝時使用，比較有遮瑕度，堆疊上也比較快速方便。例如：粉餅產品裡面附有的海綿、氣墊粉撲。

刷具　通常我會在家使用，如果你放在化妝包裡，隨身攜帶使用也可以。以刷具上同樣的商品，遮瑕度相對地會比海綿來得高，但同時看起來會比較有妝感。

眉 毛

　　眉毛，是臉部非常重要的一個部位，有了眉毛，整體五官的概念都會完整，看起來也會更加有神，尤其華人不比外國人來得毛髮濃密，所以對於我們來說，畫眉毛可說是一大挑戰！

眉筆

最普遍的眉毛產品，亦適合新手。通常產品後面都會附贈毛刷，方便大家像拿筆一樣，畫完之後可以用毛刷將毛刷齊，再將顏色刷淡、刷自然。

1028
我型我塑持色眉筆

在開架式眉筆中，這款是我數一數二喜歡的斜角式旋轉眉筆！它非常顯色，而且筆觸很滑順，所以非常容易上手，也因為其顯色特點，只要畫一點點，再用後面的刷子梳開，就會有非常好的效果。

眉粉

屬於粉狀類的眉毛產品，可以製造出粉霧的感覺，推薦給喜歡自然妝感的人或是喜歡漸層眉毛的人，因為市面上的眉粉產品通常都有兩色以上的組合，可以創造出漸層、暈染自然的效果。淡柔自然的眉毛，通常都是用毛刷具刷上。

KATE
造型眉彩餅

喜歡粉霧感眉毛的人可以挑選這種三色眉粉盤混搭，亦可以當作修容。這款眉粉非常有名，而且我覺得它的咖啡色做得非常好看，很適合亞洲人，雖然是粉狀質地，但持久度算是不錯。

眉膠

屬於膠狀的眉毛產品，可以製作出比較立體濃密的眉毛，通常也會比較持妝。如果想要下水玩，或是台灣炎炎夏季時容易流汗的人，就可以考慮使用眉膠，妝容會比較持久喔！

Maybelline
時尚 **3d** 立體雙效眉彩盤

這款也是 CP 值很高的一項眉毛產品！裡面包含一個眉膠，可以雕塑眉型，也可以製造出立體的毛流；眉粉色可以完成眉毛的定妝，或是使整體顏色比較柔焦；奶茶米色則可以修容或是刷淡眉頭。

染眉膏

針對眉毛毛髮，固定毛髮位置，甚至有些染毛膏產品帶有顏色，可以搭配我們頭髮的顏色，讓眉毛顏色變深、變淺。如果你的眉毛毛量很多，甚至可以不用畫眉毛，直接塗上染眉膏，固定眉毛毛流的方向即可。

Benefit
還我美眉膏

這款染眉膏是目前市面上我很喜歡的染眉膏產品，因為它不但具備一般眉毛染色的功能，更特別的是，可以讓毛流在視覺上看起來比較多，而且它的質地剛剛好，既不會太濕，也沒有亮粉，刷上後特別好看又自然。因為我有飄眉毛，有時出門太趕，我可以連眉毛都不畫，直接擦上染眉膏就非常好看了。

SELINA'S TIP

如果喜歡自然感覺的眉毛，建議可以先從眉筆開始使用，而如果想要更自然的感覺，可以單擦染眉膏，而如果想要濃密一點的妝感，甚至可以選擇持久的眉膠。像我自己有做「飄眉＋霧眉」，雖然課程價格比較昂貴，但我覺得這是非常值得投資的一項美容，化妝時為了將眉毛畫得高低一樣、粗細和角度一樣，往往都會浪費掉非常多時間，飄眉之後等於已經將眉毛畫好了，早上就可以省去不少化妝的時間，而且素顏也好看，畫裸妝時也可以跳過眉毛。不過畫濃妝時，我一定會加強畫眉毛，因為我喜歡很濃又黑的眉毛，這沒有絕對答案，純屬個人喜好。

如果大家有考慮要做飄眉，不論選擇任何店家，都要用心做功課，並且和美容師清楚溝通喔！

★ Yuli 藝術美甲美睫 微風店
TEL：02-27722829
ADD：台北市中山區復興南路一段 44 號 8 樓之一

眼妝

眼妝是我認為具有最多變化，同時需要花費最多時間學習的步驟，其會隨著年代趨勢、流行元素而有所變動，建議大家可以先選定自己喜歡的風格，再選購眼影。眼妝的涵蓋範圍非常大，以下會一一向大家分享不同產品的功效。

眼影打底膏的主要效果是讓後續眼影可以在眼皮上維持更持久、更顯色，有些功效更好的產品甚至可以控制眼皮出油。有些人的眼皮很容易出油，甚至有可能發生在出門幾個小時後眼影積線在雙眼皮摺痕的情形，而眼影打底膏正可以預防這種情形。像我也是眼皮比較容易出油的人，對於一整天眼妝的持妝度來說，有沒有使用眼影打底膏真的具有明顯的差別。例如：Nars 無所畏眼影打底筆。

讓眼皮上面有顏色的主要產品，其質地可以區分非常多類型，像是霧面、光澤、珠光、亮粉等，沒有哪一種眼影質地比較好，可以考量個人想要呈現的妝感，隨意自由的搭配。市面上，除了有非常多種單顆眼影之外，也有很多幫消費者組合好的眼影盤，使用方便，大家可以針對流行與喜好選擇。如果你喜歡韓系妝容，一定要擁有偏向亮片珠光的眼影；如果你喜歡自然感，甚至是歐美妝容，霧面眼影一定不可或缺。例如：Anastasia Beverly Hills Modern Renaissance Eye Shadow Palette。

眼影膏

比較固體狀的眼影，通常可以當作簡單的眼皮顏色打底，或是有些人會將它當作眼影打底膏使用，但單純只有顏色的功效，並沒有像眼影打底膏一樣具有控油、持久等功能。有些人會先擦眼影膏當作眼影，甚至先上眼影膏，接著再堆疊眼影。比起眼蜜，我更喜歡眼影膏，因為其質地比較硬且乾，比較不容易暈開，非常適合趕著出門，需要快速上眼妝的人。例如：Bobbi Brown 流雲持久眼影霜。

亮粉

通常會將亮粉堆疊在眼皮上，一般比較少人會買這個類型的眼妝產品，因為實用性並不高，不過我個人很喜歡，因為非常適合在派對或是節慶時的妝容點綴，效果真的會很漂亮。例如：Makeup For Ever 晶鑽亮粉。

眼蜜

基本上和眼影膏的效果差不多，差別在於眼蜜的質地稍微再水潤一些，它單純只有顏色的效果，並無其他的功效。建議比較容易眼皮出油的人，可以在擦眼蜜前加強眼影打底。例如：Stilla Magnificent Metals Glitter & Glow Liquid Eye Shadow。

眼線筆

眼線產品中最適合新手的選項即是眼線筆，因為操作上就像寫字畫線一樣，操作比較簡單。如果要畫內眼線，眼線筆會是最好的選擇。例如：Holika Holika 24 小時持久旋轉眼線筆。

非常適合畫出極細的眼線，質地比較液態，適合勾勒細小的地方，甚至是睫毛根部。像我喜歡畫細細拉長的眼尾眼線，眼線液就會是最好的選擇。例如：Maybelline 超激細抗暈眼線液 抗手震版。

一般比較少見，但是為效果持久的眼線產品，通常要搭配特別的刷具，使用上難度最為困難。眼線膠也很適合畫內眼線。例如：Laura Mercier 極限流暢防水眼線霜。

通常在使用睫毛夾之後直接刷上睫毛的產品，最常見的顏色是黑色，另外也有效果比較為自然的咖啡色。睫毛膏的種類分類非常多，包含濃密、纖長、防水等。例如：Kiss Me 花漾美姬 新超激濃密防水睫毛膏。

睫 毛 膏

睫毛膏通常分為兩種款式：纖長款和濃密款，而成分上則還有防水款。如果喜歡比較自然妝感的人，可以選擇纖長款，也比較適合學生以及每日妝容時使用；如果喜歡比較濃烈密集的睫毛，則可以選擇濃密款，但要小心濃密款睫毛膏比較容易造成結塊。像我是纖長款和濃密款睫毛膏都會使用，甚至會交叉使用，第一層先擦纖長款，第二層再擦濃密款。

假睫毛

通常如果在刷完睫毛膏之後，想要讓效果更加明顯或是覺得睫毛比較短，都可以後續使用假睫毛加強，選對假睫毛將會改變你的眼神，非常加分！一般會以款式區分為：纖長款、自然款、濃密款等，主要是先觀察個人的睫毛長度，選擇想要的長度之後，再選擇不同的毛量。如果喜歡性感一點的眼神，建議可以選擇「眼尾加長款」，整體眼妝看起來會比較撫媚；如果想要比較可愛的眼神，建議可以選擇「眼睛中間較長款」，整體眼妝會強調眼珠部位，眼型看起來更加圓潤，充滿楚楚可憐的感覺。

SELINA'S TIP

我喜歡比較短的睫毛，所以會選擇交叉感自然一點的假睫毛款式，也因為我有點內雙，而且眼皮上部分比較腫，會格外留意假睫毛長度不要過度纖長，太長的假睫毛會讓眼睛看起來更腫。另外，因為我的臉形是鵝蛋長臉，再加上眼形比較圓，在整體臉部的比例上比較小，所以我會選擇眼尾稍微加長的假睫毛款式，戴上之後，會讓我的眼尾到太陽穴的距離變短，放大眼睛在整體臉部的面積，讓整體五官比例達到最和諧、最好看。

我們可以靠畫眼線以及假睫毛的款式，調整五官的比例和模樣。如果你的眼形和我一樣比較圓，或是比較想要性感撫媚的眼妝，可以使用眼尾加長或是眼尾濃密的假睫毛款式，讓眼睛比例拉長；如果你的眼形比較細長、或是比較想要可愛無辜的眼妝，可以使用眼中加長或是眼中比較濃密的假睫毛款式，強化眼珠的位置，進而讓眼睛放大。眼妝的搭配、選擇相當多元，建議大家可以多多嘗試，一定可以找到自己最喜歡的形式！

腮 紅

　　想要創造好氣色，一定要運用腮紅提升整體臉色的潤度。腮紅主要分為色調和妝感，基本上要搭配個人皮膚的色調，以及當天搭配的眼妝選擇。以下教大家如何簡單判斷自己屬於什麼色調的皮膚：如果你的血管顏色是藍色，你的皮膚就會比較偏冷色調；如果你的血管顏色是綠色，你的皮膚就會比較偏暖色調。挑選腮紅的顏色時，就需要看皮膚色調選擇喔！

冷色調肌膚：
避免選擇太粉紅色或是太紫色的腮紅
暖色調肌膚：
避免選擇太珊瑚色或是太橘色的腮紅

腮紅產品以質地可以分為：

 粉狀

普遍最常見的腮紅，亦最適合新手，直接使用刷具刷上即可。例如：Nars 炫色腮紅。

 霜狀

適合比較乾燥的天氣或是創造白裡透紅、自然感覺的妝感。因為霜狀可以用手推開，除了效果會比較自然之外，也適合不喜歡使用刷具的人。例如：Makeupforever HD 系列 超透感腮紅霜。

 氣墊

這幾年興起的氣墊腮紅，比起霜狀，質地更水潤，也可以創造白裡透紅的妝感。除此之外，如果你屬於乾性膚質，也可以考慮使用氣墊，可以讓保濕度提升。用量容易一次壓太多，使用時要格外小心。例如：Lancome 激光煥白氣墊腮紅。

SELINA'S TIP

　　針對腮紅質地，我建議針對自己想要的妝感選擇即可。如果是針對腮紅顏色，我認為可以搭配當時的眼妝，再考量自己的膚色調選擇。像是粉紅色分為很多種，偏紅還是偏橘、冷色調還是暖色調；橘色也分為很多種，偏珊瑚粉紅的橘色或是正橘色。在每日自然妝容時，我就會選擇粉紅色腮紅，搭配大地色系的眼妝；如果是比較金橘色系的妝容時，我可能會選擇比較珊瑚色的腮紅。

修容

　　修容可以讓臉部線條更加明顯，也可以讓臉在上完粉底後不會過度蒼白，使臉部色調平衡。修容產品以色調區分為：暖色調和冷色調，在修容之前，一定要先判斷自己皮膚屬於什麼樣的色調。以下教大家如何簡單判斷自己屬於什麼色調的皮膚：如果你的血管顏色是藍色，你的皮膚就會比較偏冷色調；如果你的血管顏色是綠色，你的皮膚就會比較偏暖色調。區分請楚自己的皮膚色調之後，就可以選擇修容的顏色了！

冷色調肌膚：
挑選和自己皮膚色調一樣的冷色調修容
暖色調肌膚：
挑選和自己皮膚色調一樣的暖色調修容

SELINA'S TIP

每個人的修容位置以及深淺都可以依據自我喜好調整，像我比較會針對臉頰修容，鼻影只是稍微帶到而已。想要創造自然的修容，一定要選擇好暈的修容質地，再來就是一定要具備好的刷具，如果修容沒暈好，就會很像黑魔女或是白鼻心，實在很恐怖！例如：Nars 3D立體燦光修容餅。

打 亮

主要以粉狀和霜狀為主，霜狀通常看起來稍微再自然一些。關於打亮的顏色，我建議盡量和眼妝搭配，另外也會視天氣季節而定，比如說夏天時一般會曬比較黑，我會比較喜歡使用偏金黃色類的打亮；冬天時因為皮膚顏色會比較白，我會選擇比較偏粉嫩色系的打亮。打亮步驟並沒有絕對答案，可以放膽地去玩！

SELINA'S TIP

打亮的定義就是要讓太陽曬到的地方可以加強閃耀，並且使那些區塊放大、變澎，所以打亮並沒有絕對答案，像是顴骨、眉骨、唇峰、鼻樑等，並非每個人都需要打亮所有的部位，可以根據個人喜好以及臉部線條篩選。例如：MAC 柔礦迷光金屬光炫彩餅。

唇彩

　　唇彩是最普遍使用的化妝產品，即使面臨睡過頭、要衝出門的緊急情形，為了好氣色，一定還是會擦上一點點的口紅，讓嘴巴有些顏色。唇彩產品的質地和包裝種類眾多，以下為大家簡單分類：

 唇膏　最為常見，即是俗稱的「口紅」。以妝感可以區分為非常多種，像是霧面、水潤、絲緞等。例如：Bobbi Brown 悅虹唇膏。

 唇蜜　給予嘴唇滋潤感，質地稍微偏黏，顏色飽和度也比較低。我比較不喜歡唇蜜，因為我喜歡跳舞、表演，經常會做甩頭髮等，擦上唇蜜後，如果過度頭部動作容易黏頭髮。例如：YSL 情挑誘吻水唇蜜。

液態唇膏

比較歐美風格的產品，包裝通常像唇蜜一樣，不過質地比較乾，顯色度非常高，一整天下來也不太需要補妝，但也因為質地比較乾，所以上妝速度要快，另外也會比較顯唇紋。Kylie Cosmetics Liquid Lipsticks 是近幾年歐美彩妝界非常火紅的產品之一，喜歡歐美妝感的人一定要收藏一隻！

唇萃

包裝和唇釉差不多，差別在於質地偏油，擦起來相當滑順，也比較保濕，相對地妝感看起來比較光澤，但持久度很低，需要時常補妝。例如：YSL 情挑誘色美唇精萃。

唇釉　　包裝大致上和唇蜜差不多，以管狀加上毛頭刷居多，但質地比唇蜜滑順，有點半液體的狀態，顯色度普遍不錯，持久度通常也比較高。例如：YSL 奢華緞面漆光唇釉。

SELINA'S 彩妝嚴選好物

Laura Mercier 柔光蜜粉

　　在我初學化妝時，一開始都使用粉餅居多，直到 18 歲參加模特兒比賽，接觸了 Laura Mercier 這個品牌之後，接下來我都持續使用這款蜜粉，雖然中途嘗試過非常多款其他定妝產品，但這款依舊是我用過最好的蜜粉，不論我使用的粉底是任何品牌，只要在定妝步驟擦了這款蜜粉，就可以讓整體妝容明顯更加持久，而且一年四季、各種膚質都適合。當模特兒的時候，經常早上七、八點就要進行彩排，彩排結束後直接化妝，並且要讓妝容撐到晚上的服裝秀，而這款蜜粉正是足以維持一整天漂亮妝容的最好選擇，所以特別嚴選推薦！

Kiss Me 新超激濃密黑色睫毛膏

　　我的睫毛算是正常長度，不長不短，但天生比較垂一點，再加上眼睛是內雙，所以如果不夾睫毛，根本無法刷睫毛膏。在我使用過的所有睫毛膏產品中，不論開架還是專櫃，這款是效果最好、CP 值最高的睫毛膏。我喜歡擦質地比較乾的睫毛膏，而這款是濕乾度剛剛好，容易刷上色，也不容易結塊，即使一整天下來，也能讓睫毛維持捲翹！有些睫毛膏刷上去前 30 分鐘效果既濃密又捲翹，但只要過了三個小時，就會因為濕度太重或是成分不夠輕盈，導致睫毛變垂，甚至讓整體眼妝看不到睫毛膏的存在了。一般使用這款睫毛膏時，我都會刷三層，效果非常棒！不過，有些人擦上這款可能會暈，建議可以多多試用。

Maybelline 控油持妝乳

這款持妝乳一年四季都可以使用，春夏時可以讓妝容持妝，秋冬時使用也不會過乾，保濕度剛剛好，所以不論想要保濕型粉底或是控油型粉底，我都會在妝前使用這款持妝乳。其效果良好，後續上任何粉底都不會衝突，而且價格平實，CP 值超高！

BeautyBleander 美妝蛋

粉底控如我，相對地上粉底的道具也非常多！而在刷具和海綿之中，我會選擇海綿，尤其是這款美妝蛋海綿，能讓底妝上起來效果無暇又服貼，而且它的外觀設計有圓有尖，所以可以很快地推勻粉底，也可以按壓到眼下等細小的地方，甚至可以包辦遮瑕，這是我使用過最好的上妝工具。不過，市面上有很多號稱「美妝蛋」的產品，但是其效果參差不齊，請大家注意千萬不要因為省錢而購買了成效不彰的產品。建議可以前往國外購買這款美妝蛋，不但比較有保證，也比較不會付出冤枉錢，或是可以找可靠的歐美代購，也不失為一個好方法。

it cosmetics cc cream

粉底控的我，實在很難選出一款最愛的粉底，但想了想就是這款！這是一個在歐美很紅的品牌，它的保濕度高，持妝度強，遮瑕力好，而且質地延展性佳，容易推開，所以用量省，包裝設計也很方便上手，擦起來妝感自然，就像自己的肌膚。簡單來說就是 Everything you wanted for a foundation!

Maybelline 抗手震眼線液筆

好的眼線液筆不外乎幾個重點：持久不易暈、筆頭好畫能粗能細、顏色飽和，而這款抗手震眼線液筆可說是在我使用的多款眼線液筆中，既達到上述三種效果，價格也平實的品項。不過，有些人擦上這款可能會暈，建議可以多多試用。

CHAPTER

SKINCARE BASICS

5

保養基本

保養基本

很多人都會問我：「底妝都不服貼，好容易脫妝該怎麼辦？」、「什麼樣的粉底適合外油內乾的肌膚？鼻子很容易脫皮但又會出油該怎麼辦？」，其實這些問題的解答就是保養！想要有好的底妝、發光的肌膚，保養就是最重要的關鍵！不論你是什麼類型的肌膚、處在什麼氣候的環境，只要沒有顧好皮膚本身，即使換了再多粉底，擦了再多遮瑕膏，都不會有任何改善，相信我！一定要從保養做起！

雖說年輕就是本錢，但到底什麼時候應該開始保養？該怎麼保養呢？我自己是從小學就開始保養（但我不認為每個人都應該如此，純粹個人經驗分享），因為當時在美國讀書已經開始化妝，所以也接觸卸妝和保養了。我建議大家可以針對自己的肌膚年齡判斷，並非年紀小就不能擦化妝水，亦非到了更年期才要擦眼霜，每個人的情況都不一樣。

卸妝

卸妝，是全部保養程序的第一個步驟，也算是清潔的第一個步驟。卸妝是一門很大的學問，首先需要思考的問題應該是：每天都要卸妝嗎？、即使沒有化妝也要卸妝嗎？即使沒有上粉底或是其他彩妝，通常也會擦個防曬或是隔離霜再出門，所以我建議大家，只要你擦了任何保養品以外的產品，就要卸妝！

卸妝產品根據質地和包裝可以分為：

卸妝油

算是最普遍的質地，一般全年可以使用，而且是在手維持乾燥、臉也乾燥的情況下直接使用。如果有接睫毛的人要避免使用此類型產品，否則會加速睫毛脫落。例如：Bobbi Brown 茉莉沁透淨妝油。

卸妝乳

和卸妝油一樣，算是普遍的質地，一般全年可以使用，不過其保濕程度比卸妝油高，所以我建議於秋冬使用，而且是在手、臉部維持乾燥的狀態下直接使用，清潔之餘同時加強保濕。例如：COVERMARK 保濕修護卸妝乳。

卸妝凝膠 卸妝精華

和卸妝油、卸妝乳一樣可以全年使用，質地比較清爽，適合比較喜歡清爽質地或比較容易過敏的人，也適合油性膚質，建議在手、臉部維持乾燥的狀態下直接使用。我自己喜歡比較偏清爽質地的卸妝產品，但由於膚質是混合性偏乾，尤其是天氣忽冷忽熱時，鼻子很容易突然脫皮或是整體膚況變得比較乾燥，所以更喜歡卸妝同時有一點保濕度的感覺。例如：TAKAMI 卸妝凝膠、花王 Curel 珂潤 卸妝蜜、Albion 活潤透白輕盈卸妝精華。

卸妝水

為最清爽的卸妝產品質地，但卸妝程度普遍比較弱。因為質地清爽，不會造成肌膚沉重負擔感。建議使用一般化妝棉，將卸妝水適當地倒在化妝棉片上至不滴水的狀態下，再以畫圓的方式擦拭全臉，尤其鼻翼或是髮際線，容易卡粉或是容易忽略的地方，如果不卸乾淨很容易致粉刺、致痘。例如：Innisfree 綠茶保溼卸妝水、Labiotte 粉紅牡丹卸妝水。

眼唇卸妝

專門針對比較難以卸除的眼妝及唇妝的加強卸妝產品，基本上質地會比較厚重油膩一些，所以雖然它的卸除功能強大，但我建議只針對眼部和唇部使用即可。像我如果擦全臉，就會感覺比較油膩，而且

比較容易致痘或是長粉刺。另外，接睫毛的人要盡量避免使用，否則會加速睫毛脫落。例如：L'Oreal Paris 巴黎萊雅 溫和眼唇卸粧液。

卸妝棉片

簡單來說，就是將卸妝水倒在棉片裡面，乍看之下像是濕紙巾，但其實是一項方便攜帶，適合卸除簡單妝容的產品，適合旅行或是外出使用。不過切記，市面上的卸妝棉的質量不一，有些真的很粗糙，所以建議不論使用任何品牌的卸妝棉片，擦拭力道一定是愈輕愈好，並將妝仔細卸乾淨，如果太大力使用，很容易拉扯肌膚，卸完妝可能就會發現你的臉紅紅的。例如：Bifesta 碧菲絲 毛孔即淨卸妝棉片。

SELINA'S TIP

　　我平時幾乎天天上妝，加上工作需求，妝感普遍都會比較濃厚，所以我的卸妝步驟會比較多，而手法一定是愈輕愈好，不過度拉扯而造成肌膚負擔。我通常會先使用卸妝水或是卸妝棉片簡單擦拭全臉一遍，完成表面簡單的清潔，接著如果有眼妝或是唇妝的細部沒有卸乾淨，我會使用棉花棒沾眼唇卸妝液將睫毛根部和內眼線卸乾淨，並留意唇紋之間沒有殘留的口紅，再到浴室使用卸妝油 (春夏) 或是卸妝乳 (秋冬)，在手、臉部維持乾燥的狀態下，取出適量的量，在臉上按摩 1 ～ 2 分鐘，最後使用冷水直接沖掉，如此一來就完成晚上的卸妝步驟。

以卸妝水或是卸妝棉片擦拭全臉 → 以棉花棒沾取眼唇卸妝液卸除細節 → 以卸妝油 (春夏) 或卸妝乳 (秋冬) 按摩全臉 → 冷水沖乾淨

如果是卸除比較清淡的妝容，我會使用簡單一些的卸妝步驟，先在睫毛上擦上睫毛卸除油，等待 3 ~ 5 分鐘之後，再使用眼唇卸妝液，倒在化妝棉上，輕敷卸除睫毛膏以及嘴唇上的唇彩，接著再去浴室，在手、臉部維持乾燥的情況下，取出適當的卸妝凝膠或是卸妝蜜用量，以指腹開始按摩全臉，按摩時間稍微久一點，大約 3 分鐘，並且特別注意鼻翼附近、下巴、脖子、眉毛毛流的縫隙，以及髮際線和耳朵附近的鬢角部位，全部都以輕輕畫圓的方式按摩，最後再使用冷水直接沖掉，一樣可以達到乾淨又保濕的清潔效果喔！

於睫毛擦上睫毛卸除油　→　以眼唇卸妝液輕敷卸除眼妝、唇彩　→　以卸妝凝膠或是卸妝蜜按摩全臉　→　冷水沖乾淨

洗臉

　　洗臉是最基本的清潔步驟，不論男女老少，都是不可或缺的一個步驟，臉部平時會分泌油脂，加上外在空氣也沒有那麼乾淨，所以即使沒有上妝，我也建議都要洗臉。乾性膚質或是中性膚質的人，秋冬季節或是每天早上起床，如果沒有分泌什麼油脂，其實可以使用冷水沖洗即可，不必特別使用洗臉產品；而如果和我一樣是混合性膚質或是油性膚質的人，建議早晚都要使用洗臉產品比較好。

洗臉產品根據質地可以分為：

洗面乳

市面上最普通的質地，適合各種肌膚，也是普遍保濕度比較高的洗臉產品。建議用量大約擠出一粒紅豆大小即可，沾上一點水後，在手心上先搓出足夠的泡泡，再利用泡泡按摩臉部，並針對毛孔比較粗大的地方加強。例如：Albion 活潤透白淨嫩洗顏乳、TAKAMI 洗面乳。

洗面膠

質地比較透明清爽，適合夏天使用，亦適合害怕肌膚悶熱的人。通常不太會起泡，所以建議在手、臉部維持乾燥的狀態下，直接於手上擠出大約 2 顆珍珠大小的用量，均勻佈滿指腹後進行全臉的按摩後，再沖洗掉。例如：Clinique 倩碧 三步驟洗面膠。

潔顏慕絲

質地是比較細緻濃密的泡泡，泡沫綿密，可以達到毛細孔深層清潔。建議可以讓臉稍微沾水，直接擠取慕絲後一樣以畫圓方式按摩，特別針對毛孔比較粗大的地方加強。例如：Biore 水嫩亮澤洗顏慕絲。

　　如果一開始不知道如何選擇適合自己肌膚的清潔產品，建議可以選擇最基本保濕功效的產品，不論是有痘痘問題或是敏感肌膚，清潔之餘，同時也可以先做好保濕基底！而如果想針對毛孔清潔，建議選擇比較容易起泡的產品，並針對特別需要清潔的部位多加按摩。

SELINA'S TIP

　　早上洗臉的產品，我一般都會選擇比較保濕型的產品，因為早上通常要化妝，希望可以讓後續妝容效果更加水潤。晚上洗臉時我會搭配洗臉機，進行徹底的卸妝以及清潔，因為我的皮膚只要沒有卸妝卸乾淨，很容易立刻長痘痘。通常洗面乳我會擠出大概 1 ~ 2 顆珍珠大小的用量，接著徹底的按摩清潔，由於我是混合性膚質，會再斟酌於 T 字部位以及鼻翼兩側加強按摩，另外髮際線也很容易留有殘妝，大家要特別注意，多花點時間好好清潔！

角質水・去角質

　　去角質的產品大致分為兩種：一種比較偏清潔型，需要以清水沖洗；另外一種則比較偏保養型，洗完臉後擦在臉上。建議男女都要完成去角質步驟，雖然並非所有的肌膚角質都不好，但當角質過度累積時就需要去除，尤其老廢角質會造成皮膚暗沉、缺乏朝氣及膚色不均勻，影響保養品的吸收，如果有固定去角質，除了可以去除、軟化肌膚表層的角質，使肌膚更柔嫩之外，後續擦上保養品吸收力也會更好。

　　不論是各種肌膚都可以去角質，只是在選擇產品時會有所不同。去角質產品分為很多類型，有溫和清潔、強力清潔、甚至是美白等。另外，也並非每個人都必須遵守一樣的去角質頻率，像是乾性或是敏感膚質，兩個禮拜去一次角質也可以；但相對像是混合性或是油性膚質，可以調整為 5～10 天去一次角質。不過這沒有標準原則，像我是混合性膚質，但每天早晚我都會使用很溫和的角質代謝液，軟化角質，並緊實毛孔。

須沖水的去角質產品

一般來說，這類型的產品效果都會比較強烈，敏感性或是乾性膚質就要盡量避免，而混合性和油性膚質，便可以規律性使用。像我雖然是混合性膚質，但因為也有過敏體質，所以也不能使用質地過於顆粒感的去角質產品，反而會選擇像是乳液質地的去角質，達到換膚效果而又不傷肌膚。我使用了很多款須沖水的去角質產品，最喜歡的是 ettusais 艾杜紗的 peeling milk，效果溫和而不刺激，我通常都會在還沒洗臉之前，在手、臉部維持乾燥的狀態下，擠出大約瓶蓋大小的用量，在臉上按摩 1 ～ 2 分鐘，再使用清水沖除。

無須沖水角質產品

效果相對溫和許多，比較不會使用一次後就看得到效果，多半都要持續使用幾天、幾個禮拜後才會得到明顯的改善。我非常喜歡這種比較偏保養型的去角質產品，推薦其一是 Chanel 香奈兒珍珠光感淨白角質調理，早晚都可以於化妝棉上倒出大約瓶蓋大小的用量，在洗完臉後擦拭全臉，效果溫和不刺激，持續使用後除了肌膚變得很嫩之外，也有提亮的效果。

推薦其二是日本有名的明星商品 TAKAMI 角質水，程序為洗完臉後擦上，無須使用化妝棉，直接於手上倒出大約瓶蓋大小的用量，再以雙手手掌輕壓按在全臉上，壓完後等待 3 分鐘，可以感覺到肌膚變得很滑嫩，達到溫和軟化角質的效果，並且針對毛孔收縮改善，之後再後續擦上化妝水等保養品。

滲 透 乳 · 滲 透 修 護 精 華

市面上很多品牌都會推出具有幫助後續吸收功能的產品，這個步驟並非每個人都會做，以前我沒有進行這個步驟時，其實也不覺得自己特別需要，直到嘗試之後才發現有很大的幫助，讓肌膚更容易吸收後續的保養產品，也提升保水度，例如：Albion 賦白彈力滲透乳 IA、Albion 賦活彈力滲透乳 IA、Estee Lauder 特潤超導修護露、Albion 活潤透白新晶能滲透乳。

SELINA'S TIP

如果是保養初學者或是習慣基礎保養的人，我建議可以先將這個步驟的花費省下，除非肌膚狀況真的需要加強，而原本的保養程序都沒有額外幫助，這種情形之下再增加這個步驟進行改善。

化 妝 水

化妝水是最基本的第一個保濕步驟，我們擦上保養品的目的主要是希望臉有水分、具有彈性、充滿水潤光澤度，其中，化妝水就是不可或缺的步驟。化妝水基本上可以分為非常多種，建議一開始挑選時可以選擇保濕型產品，這也是一般我們最需要的保養功效，除此之外，隨著季節變化或是個人膚況也可以再行調整。

化妝水產品根據功效可以分為：

最普遍的化妝水類型，有些保濕化妝水還會再細分為清爽型和滋潤型，建議乾性、中性膚質或是混合性偏乾膚質可以選擇使用滋潤型；如果混合性偏乾或是油性膚質，亦或是害怕太過黏膩滋潤效果的人，則可以選擇使用清爽型。例如：Chanel 香奈兒山茶花保濕水凝露。

美白型

普遍具有亮白的功效，但保濕效果普通。在容易曬黑的夏季、天氣不那麼乾的情況之下或是曬黑後有美白需求的人，才會選擇此類型的化妝水。如果想要美白功能，建議可以先從精華產品下手，美白化妝水只能達到輔助效果。例如：Albion 賦白彈力活化液 IA。

控油抗痘

此類型比較適合油性膚質或是需要針對痘痘保養的肌膚。我認為，控油抗痘的化妝水其實普遍保濕度都不高，質地非常清爽，不過請切記！許多人覺得自己臉很油，所以不敢擦保溼化妝水，而選擇控油、抗痘的化妝水，擦完後也沒有做到保濕，反而導致臉部油水失衡，情況無法獲得改善，所以我不太建議選擇此類型的化妝水，除非夏季時臉又悶又油，此時才會使用，不過，後續精華乳液的保養程序就要選擇保濕類型的產品。例如：碧兒泉 淨膚零油光無瑕肌機能水。

SELINA'S TIP

很多人可能會問：「化妝水一定要用化妝棉擦嗎？」，以我個人經驗來說，我認為化妝棉的吸收力比較好，而且也可以靠輕微擦拭和畫圓的方式稍微幫臉部去角質，一舉兩得。用手輕拍上亦有相同效果，且比較不會拉扯到肌膚。

如果想要針對局部加強保濕，可以拿取化妝棉倒上化妝水之後，濕敷在局部，比如鼻子或是下巴等容易出現脫皮現象的部位，也可以將化妝水換成精華液或是滲透乳，效果會更好，不過成本相對會比較高，因為化妝水一般比較便宜。因為換季時我很容易脫皮，所以都會特別濕敷鼻頭，可以幫助後續上妝更貼合、更漂亮。

面 膜

面膜適合急救肌膚或是特殊護理時使用。市面上有各式各樣質地的面膜，使用方式絕大部分都是一週 1 ~ 3 次，不過還是要依據各品牌及品項內容決定，因為質地不同，使用的步驟也會不同，所以這沒有絕對答案，應該視產品本身的使用方式而定。

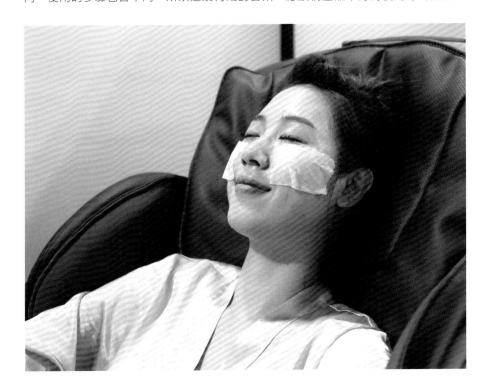

面膜產品根據包裝及質地可以分為：

最基本的面膜形式，一個包裝撕開後就可以直接黏貼在臉上。隨著內容成分、面膜紙張質地的不同，會大大影響到其吸收力及滋潤程度。最基本的類型是保濕款，另外也有美白、清潔毛孔調理等功效的面膜。例如：日本凡爾賽玫瑰深層若潤黃金面膜。

**調理型
化妝水**

這類型的調理型產品包裝通常和化妝水一樣，只是裡面的成分會更加強、更濃縮，所以適合用於全臉、局部濕敷，或是一個禮拜敷個幾次。使用方法濕敷會比擦拭來得好，可以當作面膜使用，將化妝水浸溼化妝棉但不滴水的狀態下使用。例如：Albion 健康化妝水。

泥狀面膜

質地通常比較偏固體，會在洗臉後使用再沖掉，接著進行後續的保養步驟。泥狀面膜基本上具有毛孔調理或是緊緻抗痘等功效，亦有保濕凍膜。例如：GlamGlow Supermud 潔淨面膜、品木宣言 天生麗質粉美肌面膜。

面膜應該敷幾分鐘呢？建議 10 分鐘即可。像是調理型化妝水或是局部濕敷，建議敷 5 ~ 7 分鐘；普通片狀面膜則建議 10 分鐘；如果面膜的精華質地很濃稠濕潤，最多也建議敷 15 分鐘就好。雖然一般面膜包裝上都會標示可以敷 20 分鐘，但根據我的經驗，敷 10 分鐘會得到最好的效果。

我最喜歡的面膜是 Albion 的健康化妝水，不要因為其「化妝水」名稱而誤會，它其實是適合濕敷全臉的面膜，並且可以天天濕敷，雖然單價比較高，但它是我使用的面膜產品中，效果最為明顯的一款面膜。平常工作上鏡頭或是拍戲時，前一天晚上和隔天早上我都會加強面膜的濕敷，既可以達到急救效果，也可以讓後續妝容更加服貼。面膜的步驟有時可以在化妝水之前，有時可以在化妝水之後，主要根據本身產品的設計而定，而我通常都是在滲透乳之後敷臉，再進行後續的化妝水保養。

精 華

繼化妝水後更濃縮的加強步驟，通常有比較清爽水潤或是比較黏稠滋潤的類型，根據其效果再細分為美白、保濕、抗皺、控油等。可以早晚擦或是單純晚上擦進行加強。通常我都會壓一劑到兩劑在手心，再用手掌沿著臉的輪廓，以一邊拉提一邊按摩的方式，讓精華液可以深入毛孔，並快速被吸收。

精華產品根據效果及質地可以分為：

美白提亮精華

這是一般夏季時最多人購買的品項，為了加速皮膚亮白回來，許多人都會選擇美白精華。我經常使用的蘭蔻亮妍精華比較不一樣，因為它並非專注於改善美白，而是強調可以換顏、提亮肌膚，其保濕能力很好，當我們的肌膚具有保濕度的時候，就不會再暗沉而顯得有光澤了。

我在社群平台上曾經分享過一個價位比專櫃稍微平價的品牌葵柏兒，有一組系列是 Lumière 黑煥白未來光，其中有兩罐內容物，一是白天擦用，比較像是乳液感覺的美白精華，二則是晚上的淡斑精華。這組在亮白肌膚的同時，仍然兼具保濕度，是美白提亮功效的一款優秀選擇，在我身上有達到抑制黑色素的生成，並讓肌膚維持一定的亮度。例如：Lancome 菁萃亮妍能量精華、葵柏兒修護C 美白精華、葵柏兒還原 C 淡斑精萃。

保濕水潤精華

最普遍也是最基本的精華功效，如果不知道如何挑選時，選擇保濕準沒錯！很多人可能因為長痘痘，或因為台灣天氣比較潮濕悶熱，臉比較容易出油或害怕悶黏的狀態而不敢擦太保濕的產品，請大家千萬不要有這樣的誤會，不論是痘痘肌還是敏感肌，都還是要注重保濕，可以選擇比較清爽的保濕精華，如此一來一定可以達到清爽的保濕效果。例如：Chanel 香奈兒山茶花保濕微導入精華液。

抗皺緊實精華

加強肌膚緊實或是針對細紋的處理，主要視自己的膚齡和狀況決定。大家要知道，不一定是年紀稍長後才會出現臉皮鬆弛、皺紋的情形，像我經常笑，眼尾周圍的細紋其實很多，法令紋也會比較深，另外擦化妝品、保養品時，如果又粗手粗腳的拉扯肌膚，其實很容易造成臉部鬆弛。我使用的 RNA 系列精華，其效果滋潤保濕，擦上後可以讓臉部緊緻又彈潤，我甚至將這個系列推薦給我媽媽，她也非常喜歡，所以不論什麼年齡，大家都要仔細觀察自己是否需要緊實功效的保養品喔！例如：SK2 R.N.A. 超肌能緊緻活膚霜。

擦精華時，建議可以多進行提拉的按摩，讓肌膚可以吸收滿滿的精華。因為一般精華的質地都比較濃，所以擦完後我都會用手搧一下臉，多少幫助精華更快吸收，接著，我會稍等精華差不多吸收後才會進行後續的保養。

乳 液

這個步驟是很多人保養程序的最後一個步驟，尤其是喜歡清爽效果的人，而如果是需要更滋潤效果的人可能還會增加後面的面霜步驟。我通常都是在白天擦乳液，或是在夏天需要清爽保濕度的時候。市面上的乳液非常多種，以下舉例最常見的保濕和美白。

乳液產品根據功效可以分為：

美白乳液的保濕力普遍會稍微弱一些，強調美白功效。例如：Kiehl's 激光極淨白保濕乳。

保濕款

和其他品項一樣，如果不知道如何從眾多類型中挑選適合自己的產品，建議都可以先從保濕款下手。我經常使用的倩碧潤膚膠，看起來是凝膠的質地，但我會將其使用步驟放在精華液之後，和乳液使用的方式一樣。這款我覺得非常適合台灣的天氣，質地清爽，而且保濕力剛剛好，擦上去之後吸收得也很快，不會讓臉上有黏膩感，非常適合油性或是混合性膚質。

例如：Clinique 倩碧 三步驟還原潤膚膠。

眼 霜

眼霜算是比較進階版的保養步驟，到達一定肌膚狀況或是年齡才會需要使用的產品。不過我認為，年紀並非是否使用眼霜的關鍵，而是要針對個人眼周保濕、緊實狀況使用。眼霜產品種類眾多，有些是單純保濕功能，有些則有抗皺緊實的功能。我嘗試過的眼霜產品不多，不過我覺得 SK2 眼霜效果比較滋潤，使用量也不需要那麼多，可以搭配按摩手法，刺激穴道讓眼睛提亮。

例如：SK2 肌源緊緻修護眼霜

SELINA'S TIP

我曾經有陣子眼睛周圍細紋非常明顯，肌膚極度乾燥，甚至上遮瑕膏時都會陷進去，所以我使用了少量的眼霜，並配合按摩，加強保濕度。不過當時我才 19 歲，如果單純以年齡判斷，的確和眼霜產品沾不上邊，可見實際年齡和肌膚年齡不能劃上等號！另外，我建議有需求再使用眼霜產品即可，像我後來狀況改善，就停止使用，因為一旦長期使用，肌膚可能會產生依賴性，將不利於年歲增長之後的情形。總而言之，眼霜產品的使用量和使用時機還是必須視個人肌膚情況調整。

面霜

我認為面霜並非每個人都需要的保養步驟，例如夏季或是比較悶熱的環境中，乳液即可算是保養程序的最後一個步驟了。因為我是混合性偏乾膚質，即使到秋冬時 T字也會出油，所以我還是會完成面霜這個步驟。

面霜產品根據功效可以分為：

清爽款

在台灣十分潮濕的天氣下，一般大家都比較喜歡清爽的面霜，而我自己也比較推薦，因為有時候面霜產品太過於滋潤，甚至會致痘或是致粉刺，所以新手入門款亦可以從清爽面霜開始。冰河醣蛋白保濕霜非常適合台灣天氣，也適合於任何肌膚，擦用之後吸收很快，而且可以帶來適當的保濕度，而不讓臉產生油膩感。例如：Kiehl's 冰河醣蛋白保濕霜。

滋潤款

乾性膚質或是剛做完醫美療程，非常需要補水的肌膚，亦或是住在乾燥氣候的地區，此時使用滋潤款乳霜將會幫助很大。通常只要一點用量就足夠維持全臉的保濕度，當然也可以局部性的使用，比如臉頰比較乾裂時就可以加強使用。例如：Chanel香奈兒山茶花保濕乳霜。

SELINA'S TIP

許多人都會使用不適合自己肌膚的面霜，或是用量過度，反而容易致痘或致粉刺。我認為，面霜並非每一個人都需要，也非每次保養程序都要使用，畢竟面霜一般比乳液、精華液更加保濕，所以我通常都在秋冬或是晚上的保養程序使用。

另外大家可能會感到疑惑，到底要選擇乳液還是面霜？其實這並沒有標準答案，甚至有時同時擦也可以。請針對自己的肌膚狀況、需求效果，以及預算衡量自己最適合的程序。

美容油

　　近幾年比較流行的保養產品。水潤感或是光透感底妝愈來愈流行，如果想要打造出水潤光亮的皮膚，美容油就是一個很好的幫手！像是乾性、中性、混合性、敏感性膚質，甚至是油性膚質，其實都可以使用美容油，只是每次使用的量可以自行調整，如果是肌膚比較乾的人可以使用比較多用量，而且早晚使用；如果是比較害怕悶黏感的人則可以使用比較少的用量，而且只在晚上使用。美容油的油脂分子式和我們的肌膚很相近，所以其實很容易被吸收，不過使用順序可以參照各品牌的建議。像我會比較擔心油膩感，所以使用順序會安排在擦化妝水前，但如果是肌膚很乾的時候，就會安排在最後一個保養步驟。例如：Albion 黃金凝萃精華油、SK-II 青春修護精萃油。

噴 霧

噴霧並非每一個人都需要，我自己也認為這項產品不是必需品，不過如果長時間待在冷氣房，不論春夏秋冬，臉部的水分都會下降，此時噴霧即是補救的好物！妝前後亦能使用，因為可以瞬間補水，也可以幫助補妝的保水度上升，而且使用完噴霧後整個人會感覺舒緩不少，夏天時甚至可以讓臉的溫度下降，上妝也會更服貼。例如：Clinique 水磁場長效保濕噴霧。

SELINA'S TIP

我會隨時都會攜帶一小罐的噴霧，因為我喜歡在補妝前，先以衛生紙將油光壓掉之後，噴上噴霧，再使用氣墊粉餅上妝，特別的是也會在氣墊粉撲上噴一下噴霧，讓其保水度上升，之後補妝的服貼度自然就會上升了！我通常都會於臉部周圍的上、下、左、右噴四下，帶到全臉，噴完噴霧後不會拍臉，而是讓它自己吸收，如此一來真的可以讓臉一整天都保濕。

SELINA'S 保養嚴選好物

花王 Curel 珂潤 卸妝蜜

這是我後期才發現的好物，任何膚質包括敏感膚質都可以使用，是 CP 值頗高的卸妝蜜。使用時，我會先讓臉部、手部都維持乾燥的情況，擠出約 10 元硬幣大小的用量，以畫圓的方式在臉上按摩，讓臉部肌膚各處的妝都被帶起，再用水沖掉。沖完水後，肌膚不會有過於乾澀的問題，而且清潔力也非常好。不過，我建議事先以眼唇卸妝液卸除睫毛、內眼線、口紅後，再使用全臉的卸妝蜜卸妝會比較好。

Albion 健康化妝水

當皮膚需要急救，像是急需保濕美白時，這是我的第一選擇。這款調理型化妝水，是濕敷使用，請注意千萬不要擦拭使用。其效果非常立見，可以美白、提亮、保濕、鎮定、舒緩，雖然價格稍貴，但是真的非常值得！

Albion 賦白（夏）/ 賦活（冬）彈力滲透乳

一般我都會隨著季節、流行更換保養品，但不論我換了任何品牌的保養品，或是任何類型的保養品，這款滲透乳是我一定不會更換的選擇！它可以幫助後續保養品的吸收，讓臉部肌膚非常水潤，連素顏都可以充滿保水度。很多人經常問我，為什麼素顏或是上完底妝，臉可以如此水潤透亮，我認為就是這瓶的功勞！冬天我會選用粉紅色的極致保濕款，夏天則會使用藍色的美白保濕款。

Chanel 香奈兒山茶花保濕水凝化妝水（保濕款）

好用的化妝水不少，具有多重功效的化妝水也不少，但推薦這款的原因正是因為它非常簡單，只做到一件事情：保濕！這款化妝水不必使用化妝棉，而是直接擠壓在手上，接著在臉上推勻推開即可。其質地很特別，屬於比較水凝狀，但推開的瞬間會形成水狀。它只強調保濕功能，看似效果單一，但每當我擦完時，臉真的超級水潤！再也不擔心臉部脫皮或是太乾，雖然只具有保濕功能，但能將功效做到最佳，這點真的非常好！

凡爾賽面膜

　　這是在我使用過的眾多面膜產品中，最喜歡的片狀面膜品牌，雖然單價比較高，但是敷完效果立見。其面膜材質薄厚度恰好，服貼程度佳，五官剪裁也能明顯對應在人臉位置，敷完之後，可以感覺臉部肌膚變得非常水潤又透亮。這款面膜有很多功效系列，像是保濕美白等，每一種都很好用，無地雷！相當值得推薦，每次我去日本都會掃貨！

Kiehl's 冰河醣蛋白保濕霜

　　看上去很普通的白色乳霜，但擦上之後會充滿清爽水潤感，滋潤度十分足夠，一年四季都可以使用。我去美國加州旅行的時候也帶著它，美國的天氣比台灣來得乾燥，使用它則可以讓我的肌膚狀況非常好，保濕度足夠而不顯油膩，秋冬使用可提升保濕，春夏使用也很清爽。

SELINA'S 其他嚴選好物

Bath&Body Works 身體乳液

　　這是我唯一當晚擦完後到隔日一整天都可以保持水潤保濕的身體乳液品牌！經過我與媽媽的多年認證！這個品牌因為香氣很有名，所以推出了各種香氣乳液，從花香、果香，甚至是特殊設計味道都有，一定找得到你喜歡的香味！我在夜晚擦上後，皮膚立刻變得水嫩，而且淡淡的香氣直到隔天都還存在。

Batiste 乾洗髮

　　我是一個非常懶的人，洗頭、洗澡當然也被我視為麻煩的事情，所以我家裡一定要有乾洗髮產品！如果睡醒後，頭髮很油或是太塌，我都會稍微在髮根噴一點點，油膩感瞬間不見，而且髮根會變得比較澎，方便造型。特別在台灣炎熱潮濕的夏季時，這款乾洗髮更是救命恩人！

Jo Malone 香水（杏桃花、橙花）

　　他們家的香水雖然不平價，但任何人都能找到自己喜歡的香味，而且香味在身上很持久，前中後味也都非常好聞。我推薦杏桃花給所有女孩，可愛、性感、穩重，不論任何風格、場合都適合！另外，橙花是一款很年輕活潑的味道，我自己比較喜歡上課時擦橙花，工作、約會時則擦杏桃花。

CHAPTER

BEAUTY TALK

6

SKINCARE&
MAKE-UP Q&A

BEAUTY TALK

SKINCARE Q&A

Q

痘痘、油性膚質
如何保養？

不論是什麼樣的膚質，保養步驟以及方法都是一樣的。不過，痘痘膚質注意千萬不可忽略保濕！不要因為害怕長痘痘而不擦保濕，痘痘附近的皮膚因為正在代謝，其實更容易乾燥，上妝的時候就會明顯發現脫皮或是乾燥的現象。另外，油性膚質可以選擇比較清爽的保濕產品，防止過度油膩或是悶熱的狀況發生。

Q

如何消除痘痘？

我的肌膚比較少長痘痘，通常長在下巴部位居多。一旦發現臉上有痘痘快冒出的跡象時，在保養程序開始前，我會先濕敷 Albion 毛孔調理水，只要密集敷了之後，有時候痘痘甚至就不會冒出來，或是代謝快速，很快就會消下去。如果是痘痘爆掉的情況，我也會立刻濕敷毛孔調理水，因為它含有酒精，感覺會有點刺痛，但效果很好，可以消毒又修復。

請大家注意千萬不要擠痘痘，除非真的爆掉了，才需要將殘留物擠乾淨，否則髒東西殘留在裡面，很容易引起發炎。如果情況太嚴重時，請大家一定要立刻求助醫生，否則處理不佳將更容易留疤喔。

Q

粉刺如何處理？

從以前到現在，我都會使用黏貼式的妙鼻貼去除粉刺，其中我使用過最有效的產品是 Biore 花王的妙鼻貼。不過，我認為效果有限，而且會出現毛孔擴張的現象，所以每次一拔完，我都會使用毛孔調理水濕敷、緊實毛孔，目前是使用 Albion 的

毛孔調理水，但同時也會固定 1~2 個月讓專業美容師去除粉刺，相對效果比較明顯。

毛孔粗大基本上都會集中在 T 字部位附近或是臉頰部位，像我是鼻子附近和鼻翼旁邊毛孔最粗大，針對這個區域的毛孔，我會在每天的保養程序前，使用 Albion 毛孔調理水達到毛孔緊實收縮步驟。再來就是千萬不要自己擠粉刺！我會定期去做臉，也就是所謂的清粉刺，將清潔徹底做好後，加上保養的毛孔收縮步驟，毛孔粗大的問題就會改善了。另外，我也有嘗試淨膚雷射，對於毛孔粗大的問題也有不少改善，不過，請大家衡量經濟狀況以及皮膚狀況，再考慮是否進行療程。

最好的粉刺處理方式，建議還是固定時間讓專業的美容師清潔，首先是其清潔手法比較乾淨，再來是美容師看得比較清楚，即使是連閉鎖性的粉刺，也可以一次清除。我通常都是一個月清潔一次，工作比較忙碌時則兩個月一次。

另外，盡量避免素顏的時候外出接觸外面的空氣，這是我的美容師給我的建議，不過我自己仔細觀察也有發現，當我擦完保養品後直接出門，容易讓毛孔堆積髒東西，加上毛孔粗大，T 字部位又容易出油，更加速黑頭粉刺產生的速度和數量。

痘疤，其實也可以說是膚色不均。建議一開始就盡量不要讓痘痘變成痘疤，如果因為亂擠或是沒有做好清潔和後續修護，很容易就會在第一時間形成痘疤，因此防範步驟一定要做好，但假如真的已經無法挽回形成了痘疤，接下來就是後續的修護。我使用過各種修護方法，基本上效果都不彰，

所以目前轉而尋求醫美的幫助，淨膚雷射的效果不錯，可以看到明顯的改善，只不過還是沒有辦法完全消除，所以我現在還是有痘疤，而且如果又沒有照顧好肌膚，還是會持續長痘痘。請大家衡量經濟狀況以及皮膚狀況，再考慮是否療程。

Q

鼻子脫皮
如何改善？

基本上，鼻子脫皮是因為沒有做好保濕導致肌膚太乾，後續延伸上妝不服貼等問題。通常在秋冬或是換季時脫皮問題會最為明顯，此時皮膚一定是處於不穩定或是乾燥的狀態，首先第一個步驟請檢視自己的保養品是否足夠維護目前的肌膚狀況，如果不足，就要趕緊更換強調保濕的產品，接著，再檢視所使用的保養品用量是否足夠，許多人經常因為想要省錢，擔心一次擦太多保養品太過浪費，如此一來，即使擦了再好的保養品，也無法改善情況，只是讓肌膚持續缺水而已。秋冬時，我不會節省保養程序中每個步驟的保養品用量，如果使用上真的不小心過量，也可以將保養精華延伸擦到脖子，甚至乾燥的手腳關節。

如果上述步驟都做到了，可以再進行其他加強的方法。首先，我會積極地敷面膜，平時可能是一個禮拜敷一次，出現脫皮情況時則會增加到一個禮拜敷 2 ～ 3 次，主要在晚上的時候進行，泥狀、片狀的面膜都可以，但切記主要挑選保濕型的面膜，出現脫皮情況時應暫時避免其他功效的面膜產品。

接著，早晨上妝時，在擦上化妝水或是精華液後，可以將化妝水或是精華液（精華液效果會比較好）倒在一張化妝棉上面，倒非常多的量，讓化妝棉變得像是小面膜一樣，再敷在鼻頭等脫皮處，敷 3 ～ 5 分鐘之後，脫皮的情況將會瞬間改善，後續上妝也比較不會發生不服貼的情形。另外，此加強保濕技巧也可以在晚上進行。

Q

暗沉、膚色不均
如何改善？

不論是暗沉還是膚色不均，基本上都是透過加強去角質、保濕、美白，這三步驟著手改善。臉有一定的清潔，才會明亮；臉有一定的保濕度，才有透潤度，最後也才可以加強美白。我不會刻意追求肌膚白皙，所以其實不會特別使用美白產品，目前唯一讓我感到能有效提亮肌膚的產品就是Albion健康化妝水，濕敷使用之後，可以為肌膚注入保濕度，改善暗沉問題，回復肌膚自然亮白的狀態。

Q

臉和身體
如何美白？

首先說明，許多人常說：「一白遮三醜」，但我不覺得皮膚白就是好看，更重要的是膚色是否均勻，健康膚色也一樣超級好看！因為我不會刻意追求肌膚白皙，所以不會特別使用美白產品，像是美白化妝水、美白精華液等。不過，目前唯一讓我感到能有效提亮肌膚的產品就是Albion健康化妝水，它是調理型化妝水，使用方法並非擦拭，而是濕敷。但與其說其功效是美白，不如說是注入保濕度，讓暗沉的問題得到改善，肌膚自然透潤亮白。

根據我多年保養經驗，除了這款產品以外，目前我還沒有找到好用的美白產品。像我天生臉上有雀斑，即使擦了再多美白淡斑產品也沒有明確改善，最後因為工作關係，所以只好雷射掉雀斑。如果想要進行醫美，也請大家衡量經濟狀況以及皮膚狀況後，再考慮是否進行療程。不過，千萬不要以為雷射後就永遠不會再有雀斑，如果後續沒有做好防曬，雀斑一樣會再長回來。所以，想要美白，平時就要做好保養，以及做好預防雀斑、曬斑出現的防曬步驟。

市面上有眾多針對身體肌膚的美白乳液或是美白產品，我也使用過不少，可惜的是效果都不彰。如果想要提亮肌膚，不論臉還是身體，定期去角質頗有幫助，像是我夏天到海邊玩或是有曝曬的情況，當天回家我一定會立刻全身去角質，去除臉上的老廢角質後，臉部暗沉的感覺減少了很多，

身體曬黑的感覺也會改善許多。臉部去角質產品我推薦艾杜紗零毛孔去角質乳，身體去角質產品我則推薦克蘭詩。

Q
妝前的保養步驟
是什麼？

基本上，我的早上保養程序和晚上是一樣的，唯一會改變的是，晚上最後一個保養步驟是使用乳霜，早上使用的份量則會再少一點，甚至最後一個步驟直接使用清爽的乳液。所以請大家不要產生妝前需要特別步驟的想法，只要將基本的保養程序以及保濕做足即可。不過，特別建議大家，盡量等保養品吸收後再上妝，等待吸收的時候，可以先換衣服或是整理頭髮，讓保養品稍微吸收後再上妝，才比較不會出現上妝脫屑或是妝不服貼的狀況。

MAKE-UP Q&A

Q

新手該如何選擇
底妝？粉底液還
是氣墊粉餅好？

我從國小六年級開始化妝，當時在美國讀書，身邊周圍的女孩都會畫睫毛膏，所以我是從睫毛膏和口紅開始接觸化妝。直到國中，我才開始使用粉底，當時沒有氣墊粉餅的設計，所以我是從粉底液開始接觸底妝。我認為，不論是粉底液或是氣墊粉餅，並無絕對的好壞，主要是針對自己的膚質、皮膚色號，挑選適合自己的產品。在購買之前，一定要做足功課，了解其底妝產品的性質、質地，以及使用後的效果，而最好的方法當然是前往現場試用，所以建議新手一開始都要到開架櫃或是專櫃靠櫃實際接觸試用。

Q

如何選擇適合自
己的氣墊粉底？

氣墊粉底是保濕度非常好的一種底妝產品，後期更有許多改良，市面上甚至有不少產品款式是針對台灣天氣研發設計。在選擇氣墊粉底前，建議先判別自己的膚質，因為這會影響不同款式、功效的氣墊粉底使用於臉上的持妝度。像我屬於混合性膚質，臉頰比較乾，T字部位容易出油，有時換季甚至鼻子會脫皮，所以我其實各種氣墊都可以使用，只是搭配的妝前及後續定妝產品的選擇不同。

但是，如果是只能購買一款氣墊粉底的情形時，可以再根據以下分類挑選：

乾性膚質
基本上一年四季都可以使用氣墊，因為氣墊保濕度高，相當適合乾性膚質。只要根據個人喜歡的遮瑕度、呈現妝感挑選即可。
中性膚質
基本上使用氣墊的持妝力都很好，所以選擇上也不會有太多問題，不論是控油霧面款或是保濕光澤款，多半可以自行隨意選擇。

混合性膚質

普遍會遇到一個問題：臉頰乾需要保濕度，但是 T 字部位又容易出油而需要控油。此時有兩種選擇原則：

一.喜歡光澤肌膚感的人，可以選擇保濕款氣墊粉底：選擇保濕款時，會遇到 T 字部位容易出油的問題，建議在妝前針對 T 字部位加強控油，或在上完氣墊粉底後，於容易脫妝的部位再加上蜜粉或是粉餅，如此一來，平時容易脫妝的部位就比較不會脫妝，同時臉上也可以保有光澤感。

二.喜歡霧面肌膚感的人，可以選擇控油款氣墊粉底：控油款主要功效便是控油，可能會遇到臉頰太乾的問題，建議在妝前針對臉頰部位特別加強保濕，甚至可以局部濕敷在比較乾的部位。上完氣墊粉餅之後，容易乾燥的部位也要避免再加上定妝產品，才不會導致過乾，甚至可以噴個保濕噴霧，加強保濕。

上述分類是以一般情形而論，也可能遇到擦上後妝效充滿光澤又控油的粉底，所以建議先以氣墊粉餅的款式挑選，而不要以妝感區分，妝感純屬個人喜好，應先選擇適合自己的款式，再考慮如何創造喜歡的妝感。

油性膚質

對於油性膚質來說，由於台灣天氣炎熱潮溼的關係，市面上 80% 的氣墊都無法有效持妝，尤其一到夏季，一出門就可能直接脫妝。不過，這並不代表油性膚質不能使用氣墊粉餅，依舊可以使用，只是要先做好比較容易脫妝的心理準備。建議油性膚質擦上氣墊粉餅後，一定要再加上定妝的粉餅或是蜜粉，而秋冬持妝度一定會比春夏來得好。

特別要注意的是，持妝度和保養程序的關係很大，以上分析的前提都是做好保養程序後歸納。如果使用氣墊粉餅後，出現妝不服貼的情形，或是很容易脫妝，那就需要檢視自己保養程序是否完整無缺失。

Q
如何選擇適合自己的底妝色號？

這個問題可以參考本書的肌膚基本認識單元。第一階段先針對自己的皮膚色調判別，接著在市面上找尋粉底產品時，也要辨別出哪些粉底是粉白調、中性調、黃色調，再進行第二階段色階的分辨，也就是觀察自己的色號，愈亮白的肌膚通常色

號數會愈小。不過，色號還需要綜合色調討論，比如說，同樣色階的兩種顏色：粉白調和黃色調，但是在視覺上，通常黃色調會看起來比較深色，所以可以區分為：粉白調是 1 號，黃色調則是 2 號，但其實這兩種顏色的亮度是一樣的。以上是我的多年經驗和觀察，當然還是會有例外，大家可以慢慢研究了解，自己發掘其中規則也很有趣！

Q

如何選擇入門刷具？

我擁有的刷具很少，因為真正需要使用到的刷具並不多，例如妝前、粉底幾乎都可以使用手擦上，不需要工具。另外再加上我覺得要一直清洗刷具很麻煩，所以使用上愈少愈好。建議新手一開始可以選擇海綿，因為海綿既可以推開粉底，也可以推開遮瑕，但刷具基本上只能推開粉底，也可以推開遮瑕，只是要具有一定的技巧才能推得好看，否則需要再花一筆費用購買遮瑕刷，我認為沒有必要，海綿的使用率、CP 值等都比刷具來得高。

眉毛方面，如果是使用眉筆上色，就不需要任何刷具，而市面上的眉粉盤裡面一般都會附上刷具，所以也不需要再額外購買。接著眼妝方面，我認為可以具備以下基本刷具：一隻扁平的刷具，可以打底或是任何的上色，也可以包含下眼影。市面上有許多雙頭扁平刷具，如此一來又多了一種刷頭選擇；接著是一隻圓頭的暈染刷具，可以完成暈染，使邊界柔和，或是煙燻妝時深色眼尾的上色；最後則是一隻小面積的刷具，通常可以完成上眼頭的打亮或是下眼影的上色、臥蠶的提亮等。只要具備以上眼妝刷具鐵三角，就可以創造出上百款眼妝了。

除了基本三隻刷具之外，一般還有腮紅刷、修容刷、打亮刷。所以綜合以上，新手大約需要六隻刷具、一個海綿即可，最後再加上一個睫毛夾。

Q
防曬和隔離霜的
使用順序？

防曬和隔離霜，我會擇一使用，而不會同時使用兩種產品。基本上隔離霜產品都會帶有防曬係數，所以也可以當作防曬產品使用。另外，當臉上太多層化妝品時，容易導致脫妝速度變快，所以我會盡量避免過多的化妝手續。不過，如果還是想要兩者都使用，建議先擦防曬，再擦隔離霜。

Q
妝不服貼
如何改善？

造成妝不服貼的情形，基本上有兩種原因，一是因為保養程序沒有做好，導致油水失衡，所以後續可能產生脫皮、出油、浮粉等問題；二則是因為所挑選的底妝產品不適合自己，導致無法在臉上長久維持，請檢視自己屬於上述哪種情形。

如果是保養的問題，可以參考本書的保養基本單元，確認自己應該如何選擇適合的產品。如果是選錯底妝的問題，可以先重新檢視自己的膚質，確定之後再做功課，由市面上的粉底產品中，找出哪一款才真正適合自己的膚質，並搭配當時的天氣，以及其底妝產品的特性、持妝度等，重新調整。

Q
如何遮蓋黑眼圈
？如何選擇遮瑕
的顏色？

我屬於過敏型的黑眼圈，所以不論如何補充睡眠，頂多只能讓黑眼圈變淡，而不會消失。首先，挑選遮瑕膏顏色時，應該選擇和自己皮膚色調相近或是稍微再亮一點的顏色遮蓋黑眼圈，注意千萬不能亮太多。像我屬於黃色膚調，我就會使用帶有黃色的自然亮色遮瑕和提亮。

如果遇到黑眼圈太過深色，只靠一種遮瑕膏顏色無法遮蓋的情況時，我就會先選擇一個比較偏橘色的遮瑕，亮度和自己皮膚色調差不多或是再深一點，完成第一層的遮蓋，再使用前述方法，蓋上與自己膚色相近的遮瑕色，完成第二層的遮蓋。

遮蓋黑眼圈時盡量少量多次，並且使用海綿慢慢堆疊為最好的方法，因為手法多層，加上位在眼睛周圍，容易卡粉，所以切記要慢慢堆疊，千萬不要有一次塗很多，再全部蓋起來的想法。其遮蓋範圍，看著鏡子，並往黑眼圈部位塗上即可，注意不要塗太靠近臥蠶或是下睫毛的部位，不論後續是否要畫下眼影或是下睫毛膏，這個部位如果塗上遮瑕膏，往往會看起來不自然，而且很快就會卡粉了。

Q

單眼皮、內雙
如何畫眼妝？

我的眼睛是小內雙，當我直視前方時會變內雙，但其實我是有雙眼皮摺的。每個人的眼睛條件都不同，有些人是單眼皮，有些人是雙眼皮，有些人則是內雙，甚至有些人是三眼皮。我必須強調，不論你是什麼眼睛條件的人，化妝的方法都一樣！

不過，單眼皮或是內雙的人可能會遇到一個問題：當眼睛睜開直視前方時，眼線和眼影都不見了。首先，我也必須強調，沒有人是一天 24 小時、一年 365 天，眼睛永遠都是用力的直視前方，請仔細觀察自己，可以發現我們很多時候眼皮都是呈現放鬆的狀態，所以當照鏡子看到自己眼線和眼影都被吃掉時，其實並不代表別人看不到。例如許多韓國人都是單眼皮或是內雙，但是他們還是以一樣的方法畫眼妝，而沒有使用其他特別的方法，因為妝效其實都看得到。如果直視前方時，眼線和眼影真的都不見，建議可以將眼妝稍微暈染，超過直視時候的眼皮寬度。

而如果有人希望直視前方時，其眼影、眼線都能一覽無遺的呈現，其唯一的方法就是要將眼妝畫超過直視時候的眼皮寬度，等於眼線可能要畫得很粗或是眼影要暈得比較高。不需要覺得這麼做好像很可怕，其實很多單眼皮的人都會這麼畫，當然相對地完成的妝效會比較偏向歐美風格。

Q
不易掉色的口紅
推薦？

市面上的韓系唇彩 90% 都非常不易掉色，建議大家可以先從韓系品牌下手，另外歐美品牌也比較不易掉色，像是近期流行的唇釉產品或是液態唇膏，都偏向不易掉色的唇彩。

雖然經常遇到人向我提出這個問題，但我其實不太喜歡不易掉色的口紅，尤其當疲累的回到家時，一定會希望卸妝步驟愈簡單愈好，但此時如果一不小心沒有將嘴巴上面的口紅卸乾淨，日夜累積之下，導致色素沉澱，結果讓嘴唇顏色愈來愈暗沉或是色澤不均，光想像就讓人覺得害怕！

所以建議大家，不一定要執著尋找不易掉色的口紅，如果吃完東西而讓口紅掉了，到時再補上即可。像我都會養成習慣，不定時照鏡子觀察自己，口紅有沒有掉、鼻子有沒有出油，尤其吃完飯後一定會照鏡子整理整體儀容。

出門時，可以隨身攜帶補妝的底妝產品，例如氣墊粉餅、蜜粉或粉餅。不過，我認為蜜粉比較不便於在外使用，除非還需攜帶蜜粉刷具；而粉餅則是因為比較不容易補充保濕度，而且如果處理不好，在比較乾裂的部位，或是出油之後沒有先將油分壓掉，直接蓋上粉餅，就會變成一結塊的粉塊，所以我通常都是攜帶氣墊粉餅居多，既可以增加遮瑕度又可以增加保濕度，達到最快速、最方便補妝的效果。

補妝的第一步驟就是先拿取衛生紙輕壓臉上出油、浮粉的部位，千萬不要去抹它，除了很傷皮膚以外，也會讓後續補妝變得不自然。如果徹底清除了出油、浮粉處，直接拍上補妝的底妝即可；如果壓完衛生紙，脫妝部位上還存有粉塊或是不平的粉底紋路，建議可拿取乾淨的海綿或是粉撲，將結塊處拍勻，讓基底維持乾淨不油且均勻，接著再補上補妝的底妝就可以了。

請注意，若沒有先使用衛生紙輕壓要補妝的部位，或是沒有將基底拍勻，就直接補上氣墊粉餅或粉餅，容易導致底妝結塊，使得補妝痕跡看起來很明顯，整體妝感非常厚重。

Oh! My立體無瑕 4K女神妝

2AF347

**5大季節色系+7大基礎全臉妝+16款變化技巧妝效
超越日韓歐美的逆天美顏技法！**

作　　　　者	鄭雅勻
經 紀 公 司	伊林娛樂
責 任 編 輯	莊凱晴
主　　　編	溫淑閔
版 面 構 成	C.CHENG
封 面 設 計	逗點創制
攝 影 協 力	黃錫鉉、崔致偉、陳威良
妝 容 協 力	鄭雅勻、呂任犀
髮 型 協 力	張嘉珍、張珉薰、呂任犀
服 裝 造 型	黃媛怡（LALA）、鄭雅勻、盧穎儀
服 裝 贊 助	AIR SPACE
品 牌 贊 助	葵柏兒
專 案 統 籌	曹慧如、盧穎儀
行 銷 專 員	辛政遠
總 編 輯	姚蜀芸
副 社 長	黃錫鉉
總 經 理	吳濱伶
發 行 人	何飛鵬
出　　　版	創意市集
發　　　行	城邦文化事業股份有限公司 歡迎光臨城邦讀書花園 www.cite.com.tw
香 港 發 行 所	城邦（香港）出版集團有限公司 香港灣仔駱克道193號東超商業中心1樓 電話: (852)25086231 傳真: (852)25789337 E-mail: hkcite@biznetvigator.com
馬 新 發 行 所	城邦（馬新）出版集團 Cite (M) Sdn Bhd 41, Jalan Radin Anum, Bandar Baru Sri Petaling, 57000 Kuala Lumpur, Malaysia. 電話: (603) 90578822 傳真: (603) 90576622 E-mail: cite@cite.com.my
展 售 門 市	台北市民生東路二段141號1樓
製 版 印 刷	凱林彩印股份有限公司
初 版 2 刷	2017年（民106）5月
定　　　價	350元

國家圖書館出版品預行編目資料

Oh！My 立體無瑕4K女神妝：5大季節色系+7
大基礎全臉妝+16款變化技巧妝效，超越日韓歐
美的逆天美顏技法！／鄭雅勻著.
-- 初版. -- 臺北市：
　創意市集出版：城邦文化發行, 民106.02
　面；　公分

ISBN 978-986-94341-2-6（平裝）

1.美容 2.化妝術

425　　　　　106001087

若書籍外觀有破損、缺頁、裝訂錯誤等不完整現象，想要換書、
退書，或您有大量購書的需求服務，都請與客服中心聯繫。

客戶服務中心
地址：10483台北市中山區民生東路二段141號B1
服務電話：（02）2500-7718
　　　　　（02）2500-7719
服務時間：週一至週五 9：30～18：00
24小時傳真專線：（02）2500-1990～3
E-mail：service@readingclub.com.tw

※ 詢問書籍問題前，請註明您所購買的書名及書號，以及在哪一
頁有問題，以便我們能加快處理速度為您服務。
※ 我們的回答範圍，恕僅限書籍本身問題及內容撰寫不清楚的地
方，關於軟體、硬體本身的問題及衍生的操作狀況，請向原廠商
洽詢處理。

※廠商合作、作者投稿、讀者意見回饋，請至：
FB粉絲團·www.facebook.com/InnoFair
Email信箱·ifbook@hmg.com.tw

特別感謝（按字母、筆畫順序）：
1028、Albion、Benefit、Bifesta、Biore、Bobbi Brown、
Clinique、COVERMARK、Estee Lauder、Supermud、
innisfree、Kiehl's、Lancome、Laura Mericer、L'Oreal Paris、
MAYBELLINE、Makeupforever、NARS、Origins、SKII、
ZALORA、碧兒泉